人工智能与
人类未来丛书

Manus
从入门到精通

陈飞宇 著

北京大学出版社
PEKING UNIVERSITY PRESS

内 容 提 要

本书围绕当下最具潜力的人工智能（AI）形态——以Manus为代表的通用型AI代理展开介绍，详细讲解其核心理念、功能特性与技术原理，并通过大量的实战案例，循序渐进地讲解Manus在旅行规划、教育内容创作、股票分析、保险条款比较、品牌形象设计、店铺销量提升等领域的落地应用，真正实现"从思考到行动"的跨越式提升。对于正处于数字化和智能化转型时代的个人、企业乃至学术研究者而言，了解和掌握AI代理的应用技巧是大势所趋，不仅能极大地减少重复工作量，也能带来全新业务模式与创新机会。

本书适合对AI与新技术交叉应用感兴趣的读者，尤其适合希望深入了解并掌握AI代理实际应用技巧的读者阅读参考。

图书在版编目(CIP)数据

Manus从入门到精通 / 陈飞宇著. -- 北京：北京大学出版社, 2025.8. -- ISBN 978-7-301-36503-8

Ⅰ.TP18

中国国家版本馆CIP数据核字第2025DV4382号

书　　　名	Manus从入门到精通 MANUS CONG RUMEN DAO JINGTONG	
著作责任者	陈飞宇　著	
责 任 编 辑	杨　爽	
标 准 书 号	ISBN 978-7-301-36503-8	
出 版 发 行	北京大学出版社	
地　　　址	北京市海淀区成府路205 号　100871	
网　　　址	http://www.pup.cn　　新浪微博：@北京大学出版社	
电 子 邮 箱	编辑部 pup7@pup.cn　总编室 zpup@pup.cn	
电　　　话	邮购部 010-62752015　发行部 010-62750672　编辑部 010-62570390	
印 刷 者	河北博文科技印务有限公司	
经 销 者	新华书店	
	880毫米×1230毫米　32开本　6印张　153千字	
	2025年8月第1版　2025年8月第1次印刷	
印　　　数	1-4000册	
定　　　价	59.00元	

未经许可，不得以任何方式复制或抄袭本书之部分或全部内容。
版权所有，侵权必究
举报电话：010-62752024　电子邮箱：fd@pup.cn
图书如有印装质量问题，请与出版部联系，电话：010-62756370

夯实智能基石
共筑人类未来

推荐序

人工智能（AI）正在改变当今世界。从量子计算到基因编辑，从智慧城市到数字外交，AI不仅重塑着产业形态，还改变着人类文明的认知范式。在这场智能革命中，我们既要有仰望星空的战略眼光，也要具备脚踏实地的理论根基。北京大学出版社策划的"人工智能与人类未来丛书"，恰如及时春雨，无论是理论还是实践，都对这次社会变革有着深远影响。

该丛书最鲜明的特色在于其能"追本溯源"。当业界普遍沉迷于模型调参的即时效益时，《人工智能大模型数学基础》等基础著作系统梳理了线性代数、概率统计、微积分等AI相关的计算脉络，将卷积核的本质解构为张量空间变换，将损失函数还原为变分法的最优控制原理。这种将技术现象回归数学本质的阐释方式，不仅能让读者的认知框架更完整，还为未来的创新突破提供了可能。书中独创的"数学考古学"视角，能够带读者重走高斯、牛顿等先贤的思维轨迹，在微分流形中理解 Transformer 模型架构，在泛函空间里参悟大模型的涌现规律。

在实践维度，该丛书开创了"代码即理论"的创作范式。《人工智能大模型：动手训练大模型基础》等实战手册摒弃了概念堆砌，直接使用 PyTorch 框架下的 150 余个代码实例，将反向传播算法具象化为矩阵导数运算，使注意力机制可视化为概率图模型。在《DeepSeek源码深度解析》中，作者团队细致剖析了国产大模型的核心架构设计，从分布式训练中的参数同步策略，到混合专家系统的动态路由机制，每个技术细节都配有工业级代码实现。这种"庖丁解牛"式的技术解密，使读者既能把握技术全貌，又能掌握关键模块的实现精髓。

该丛书着眼于中国乃至全世界人类的未来。当全球算力竞赛进入白热化阶段，《Python大模型优化策略：理论与实践》系统梳理了模型压缩、量化训练、稀疏计算等关键技术，为突破"算力围墙"提供了方法论支撑。《DeepSeek图解：大模型是怎样构建的》则使用大量的可视化图表，将万亿参数模型的训练过程转化为可理解的动力学系统，这种知识传播方式极大地降低了技术准入门槛。这些创新不仅呼应了"十四五"规划中关于AI底层技术突破的战略部署，还为构建自主可控的技术生态提供了人才储备。

作为AI发展的见证者和参与者，笔者非常高兴看到该丛书的三重突破：在学术层面构建了贯通数学基础与技术前沿的知识体系，在产业层面铺设了从理论创新到工程实践的转化桥梁，在战略层面响应了新时代科技自立自强的国家需求。该丛书既可作为高校培养复合型AI人才的立体化教材，又可成为产业界突破AI技术瓶颈的参考宝典，此外，还可成为现代公民了解AI的必要书目。

站在智能时代的关键路口，我们比任何时候都更需要这种兼具理论深度与实践智慧的启蒙之作。愿该丛书能点燃更多探索者的智慧火花，共同绘制AI赋能人类文明的美好蓝图。

在人工智能（AI）发展历程中，从最初的专家系统到深度学习模型，技术的每一次跃迁都为人类带来了新的机遇与想象空间。随着以 ChatGPT、DeepSeek 为代表的大语言模型迅速走入大众视野，人机对话方式被彻底改变，但目前大多仍停留在"问答"与"交流"层面。AI 代理则在此基础上更进一步——它不仅能回答问题，而且能够通过调用工具、脚本或外部接口来"自动执行"实际任务，真正实现了从"想法"到"行动"的跨越。

正是在这样的大背景下，Manus 及其开源替代方案（如 Open-Manus）应运而生，引领了 AI 代理在产品与技术层面的"破壁"，为个人与企业带来了前所未有的智能化工作模式。

本书系统探讨 AI 代理在不同场景下的应用。无论是普通用户，还是数据分析师、研发工程师、创业者，抑或对 AI 感兴趣的学习者，都可以通过本书快速了解、上手并挖掘其在旅行规划、教育内容创作、股票分析、保险条款比较、名片设计、品牌形象设计、店铺运营、科研辅助等领域的巨大潜能。

以下将从技术前景、笔者的使用体会、本书特色与读者对象几方面，对本书做一个整体介绍。

◆ AI代理的技术前景

过去几年，随着深度学习和大语言模型的崛起，AI 在语言理解与内容生成方面取得了长足进展，但要让 AI 真正"动手"完成任务，依然需要大量人工配合。AI 代理则通过在系统内部集成多个代理（如规划代理、审校代理、记忆代理等），并赋予它们调用外部工具的能力，让 AI 在遇到复杂问题时，能够将其拆解成子任务并分发给不同的代理处理，各代理各司其职，最终把子任务执行结果汇总成可交付的成果。

这种架构带来的执行力与自动化，使得 AI 在生产场景中的作用

显著增强——它不再只是"给建议",而是实实在在地"完成工作",在数据处理、文档编写、工具使用、流程自动化等方面有效减少重复与低价值劳动。可以预见,随着模型规模、工具生态与AI代理协作策略的优化,其应用将扩展到更多领域,如物联网(IoT)、机器人控制、工业系统调度、智慧城市治理等。未来,若要实现更高级的自治型系统(Auto-AI),AI代理的多智能体架构是不可或缺的关键。

◆ 笔者的使用体会

笔者在体验AI代理的过程中,最大的体会就是"AI不再只能提供文字回答,而是能真的动手做事情"。无论是撰写一份财务分析报告、同时处理上千个文档,还是为公司策划大规模市场活动,AI代理都能从头到尾承担大部分工作。

在具体操作中,很多工作流程都能被大幅简化:原本需手动下载数据、打开各种软件、编写脚本、检查结果,如今只要提出一个清晰的目标(如"分析库存并生成采购清单"),AI代理就能调用相应工具完成任务,从而让我们从大量机械或重复劳动中解放出来。

◆ 本书特色

◎ **系统性**:从AI代理的基础概念、技术原理到在实际场景中的应用均有涉及,结构清晰,帮助读者逐步深入学习。

◎ **应用导向**:本书不仅介绍理论,还通过大量案例(如旅行规划、教育内容创作、保险条款比较等)展示AI代理的真实使用体验与具体操作步骤,为读者提供可参考的模板。

◎ **可操作性**:每个应用场景都附带了上手指导,如提示词编写、子代理配置等,让读者即学即用。

◎ **多元场景**:书中既涵盖个人用户的日常使用场景,也探讨Manus企业级解决方案和在垂直领域的应用，能满足不同读者群体的需求。

◎ **扩展与开源：** 本书还介绍了 Manus 的开源"平替"OpenManus 的使用方法，为有需求的读者提供另一种高度可定制、可私有化的 AI 代理部署途径。

◆ 本书读者对象

◎ 有一定 AI 或编程基础，但对 AI 代理尚不了解，希望快速入门的初学者。

◎ 希望在企业内部部署 Manus，或想用 AI 来节约人力、优化工作流程的企业管理者或产品经理。

◎ 希望用 AI 来进行数据分析、生成营销策略、进行客户管理的电商/运营工作者。

◎ 希望借助 AI 辅助完成设计工作的设计师或品牌负责人。

◎ 想要探究 AI 代理如何在论文写作、教育教学等领域发挥作用的学生或科研工作者。

◎ 对 AI 代理的多智能体架构、工具调用机制等有浓厚兴趣，希望系统学习的 AI 爱好者。

◆ 作者介绍

陈飞宇，区块链与 AI 领域技术专家，现任某 AI 区块链科技公司产品负责人，深耕 Web 3 与 AI 交叉创新领域，主导研发多款行业产品，包括基于 AI 推理引擎的区块链票务系统、基于 MPC + AA 算法的数字管理系统等，在智能合约、安全多方计算、分布式账本与 AI 代理协作等领域有丰富的实战经验。

在阅读过程中如有任何问题，可通过微信或邮箱与笔者联系，笔者的常用邮箱是 feiyuchen2023@icloud.com，微信号是 yushen66667。

目录 CONTENTS

第1章 Manus简介

1.1 Manus简介 002
1.2 Manus的诞生背景 004
1.3 Manus发展历程与市场表现 006
1.4 Manus核心目标：从"思考"到"行动" 008
1.5 Manus的市场定位及未来潜力 009
1.6 本章小结 011

第2章 Manus的底层逻辑

2.1 独立思考与自主规划 013
2.2 任务执行：从计划到交付的闭环 014
2.3 工具调用：整合外部资源 016
2.4 多场景应用：跨领域的广泛适用性 017
2.5 本章小结 019

第3章 Manus应用实战

3.1 注册与登录 021
3.2 任务创建与指令撰写 022
3.3 工具调用与过程监控 025
3.4 查看和获取结果 028
3.5 实战演练：从简单到复杂的任务指令 030
3.6 常见问题与解决方案 035
3.7 本章小结 037

第4章 旅行规划

4.1 Manus在旅行中的应用 039
4.2 量身定制旅行行程 041
4.3 安排交通与住宿 045
4.4 优化预算与时间安排 047
4.5 生成综合旅行手册 048
4.6 长期旅行规划 050
4.7 本章小结 058

第5章 教育内容创作

5.1 Manus在教育内容创作中的应用 060
5.2 使用Manus生成教学演示

动画 061
5.3　使用反馈与注意事项 064
5.4　Manus 应用进阶 065
5.5　本章小结 066

第6章
股票分析

6.1　需求与目标设定 068
6.2　数据采集与信息整合 070
6.3　深度分析与估值模型 075
6.4　最终成果与可视化呈现 078
6.5　深度解读：从任务拆解到落地 080
6.6　常见问题与解决方案 082
6.7　本章小结 083

第7章
保险条款比较

7.1　Manus 在保险条款对比中的价值 086
7.2　案例演示：对比四份旅行保险条款 086
7.3　使用 Manus 对比保险条款的注意事项 094
7.4　如何让 Manus 做更多保险决策辅助 096
7.5　本章小结 097

第8章
极简名片设计

8.1　苹果公司设计理念 099
8.2　根据简历完成设计初稿 100
8.3　设计细节与理论扩展 105
8.4　Manus 在名片设计中的价值 106
8.5　常见问题与注意事项 107
8.6　本章小结 109

第9章
品牌形象设计

9.1　品牌形象设计的价值 111
9.2　品牌形象设计流程 113
9.3　使用 Manus 为品牌设计图标 114
9.4　图标与品牌形象的融合 117
9.5　Manus 在品牌形象设计中的更多应用 118
9.6　本章小结 120

第10章
提升网店销量

10.1　Manus 在电商领域的应用价值 122
10.2　利用 Manus 进行电商数据分析 123

10.3 Manus与电商业务的适配性及展望 128

10.4 本章小结 130

第11章
垂直搜索AI解决方案检索

11.1 时尚行业垂直搜索AI解决方案 132

11.2 检索时尚行业垂直搜索相关厂商 133

11.3 方案输出：推荐清单与行业洞见 138

11.4 本章小结 139

第12章
面试时段智能调度

12.1 Manus在面试日程安排中的应用 142

12.2 优化与验证 146

12.3 本章小结 147

第13章
辅助进行科学研究

13.1 气候变化研究概览 149

13.2 Manus在科学研究中的具体应用 150

13.3 Manus的一般研究流程 153

13.4 技术与伦理挑战：科研应用的深入思考 154

13.5 本章小结 156

第14章
Manus"平替"——OpenManus

14.1 OpenManus项目概述 158

14.2 OpenManus与Manus的对比 159

14.3 OpenManus安装与使用 161

14.4 OpenManus应用实例 164

14.5 OpenManus的未来发展 168

14.6 本章小结 169

第15章
未来展望

15.1 AI代理的持续进化 171

15.2 AI代理协作网络的崛起 174

15.3 人机协作的新范式 175

15.4 技术挑战与伦理考量 177

15.5 AI代理的潜力与行业影响 179

15.6 本章小结 181

第 1 章 Manus简介

在人工智能（Artificial Intelligence，AI）飞速发展的背景下，许多人对AI一词的第一印象是聊天机器人或自动翻译工具。然而，随着技术迭代，我们开始追求具备"行动力"的AI——它不仅能理解自然语言，还能在复杂多变的环境中自主规划任务、调用各种软件和工具，为使用者直接提供成果。这种被称为AI代理（AI Agent）的新兴技术形态正逐渐受到关注。Manus是这类通用型AI代理的典型代表。

简单来说，Manus是一个"能干活"的AI：它不仅能像聊天机器人那样回答问题，还能执行复杂的、多步骤的工作任务，如规划旅行路线、分析数据、编写代码等。与传统的AI对话工具不同，Manus突破了"提供答案"的局限，走向了"交付成果"的新阶段。

1.1　Manus 简介

如果把在特定领域有突出表现的 AI 称为专用 AI，那么通用 AI 则是指能够在多种场景中灵活应用的 AI。Manus 采用多智能体协同的理念，将不同类型的智能体整合到一个系统中，使其在多样化场景下仍能保持较高的灵活性与执行力。它不仅能处理文本，还能通过调用浏览器、进行数据分析、编辑文档、运行代码等多种方式，"全能型"地解决问题。

将 Manus 与传统 AI 对比来看，传统的 AI 往往只能根据我们的提问生成内容，或在一些预设场景中输出答案。Manus 则在此基础上更进一步，具有如下功能。

◎ **支持自主规划**：能将复杂指令自动拆解为多个子任务。

◎ **调用外部工具**：可自动调用浏览器、图表插件、编译器、云端环境等外部工具。

◎ **自我修正**：执行任务时若发现问题，可进行自我修正或再次检索信息。

◎ **输出完整成果**：生成最终报告、部署服务等。

Manus 一词源于拉丁语，意为"手"，同时也呼应著名的拉丁短语 Mens et Manus（意为"知行合一"，即思想与行动相结合）。这一命名反映出 Manus 团队的设计理念——让 AI 不仅能"思考"，更能"行动"，突破传统 AI 仅停留在"回答"或"建议"层面的局限。

从产品定位来看，Manus 自诞生起就旗帜鲜明地把自己定位为通用 AI 代理——面向个人用户和企业，能够处理各类复杂任务的数字助手。无论是安排跨国旅行、撰写并排版公司财报，还是在虚拟环境中编写程序并打包结果，Manus 都能胜任。它最核心的优势不在于简单的对话交互，而在于其具备"理解需求—任务执行"的端到端的能力。

近几年，国内外涌现出不少AI代理或多智能体项目，如OpenAI的AutoGPT系列、Meta的Cicero等。Manus之所以在众多竞争者中脱颖而出，尤其在中国市场取得巨大成功，主要得益于以下核心优势。

◎ 采用"更少的结构，更多的智能"的设计理念，尽量减少人为设定的规则的限制，让AI代理在大模型加持下具备多步骤任务执行和工具使用能力。

◎ 中国本土团队打造，更了解中文环境与国内用户需求。

◎ 有卓越的性能，在GAIA基准测试中表现突出，部分指标甚至胜过行业巨头产品。

◎ 作为首批定位为"全球通用AI代理"的产品之一，致力于服务全球市场。

这些优势不仅使Manus在当前AI代理浪潮中独树一帜，更展现出其广阔的应用前景和发展潜力。

Manus采用全云端架构，用户无须在本地安装复杂的软件或占用计算机的计算资源，只要在浏览器或移动端登录，即可让Manus在云端完成高强度计算、规划与自动化操作。这意味着使用者无须了解编程或深度学习原理就可以轻松使用，大幅度降低了使用门槛，真正实现让普通用户也能快速上手的目标。

根据官方展示及技术社区实践案例，Manus被广泛应用于如下领域等。

◎ **商务办公**：撰写商业计划书、生成竞品分析报告等。

◎ **内容创作**：一键生成教学视频脚本、编写HTML代码等。

◎ **旅行规划**：智能搜集资料、完成机票酒店比价与预订等。

◎ **金融分析**：上市公司财报可视化、财务数据的预测与评估等。

◎ **个人助理**：理财规划、日程管理等。

这些应用场景充分展现了 Manus 超越传统"聊天式"AI 的全能代理能力。

在后续章节中，我们将进一步探讨 Manus 在旅行规划、股票分析、教育内容创作等典型应用场景的落地实践，帮助读者全面理解并有效运用 Manus 的各项功能。

Manus 的面世标志着 AI 正加速从"回答型"向"行动型"转变。要深入理解这一变革，我们首先需要把握 Manus 的核心定位：这是一个基于云计算的通用型 AI 代理，能够自主调用各类数字资源和工具，辅助用户完成实际任务。这一创新不仅扩展了 AI 的适用边界，也重新定义了人机协作的基本模式。

1.2 Manus 的诞生背景

自从 2012 年前后深度学习取得重大突破后，AI 研究长期聚焦于图像识别、机器翻译、语音识别等"感知智能"领域。但近几年，随着大语言模型迎来爆发式发展，生成式 AI 迅速崛起，让人们见识到了 ChatGPT、DeepSeek 等强大的语言处理能力。但这些 AI 大多依赖"对话"来进行交互，无法自主完成多步骤的任务。Manus 团队敏锐地发现了这一痛点：AI 若要真正成为"生产力工具"，就必须能"动手"而不仅是"动口"。基于这一认知，Manus 应运而生。

Manus 的研发团队早年凭借开发了 AI 浏览器插件 Monica 在业内崭露头角，其创始人和核心成员大多来自国内顶尖高校与知名互联网公司，他们在自然语言处理、分布式计算、多智能体协作等方面积累了丰富的研发经验。随着 Manus 项目的推进，团队进一步吸纳了更多 AI 专家、产品经理、架构师等专业人才，使这一项目在技术与产品化上均能稳步推进。

Manus采用"模型+架构"的模式，通过整合GPT等国际领先的大语言模型，与团队自主研发的多智能体协同框架及工具调度系统相结合，构建出兼具语义理解与任务执行能力的AI代理。其核心优势在于：语言理解和推理依托顶级大语言模型的支撑，而实际执行则依靠Manus团队构建的智能体架构和云端工具生态实现，二者协同，形成了完整的"思考—行动"闭环。

在资本市场方面，Manus团队曾获得腾讯、红杉和IDG等知名投资机构的天使轮、A轮投资，资金规模达数亿元人民币，并与国内外多家云服务厂商、咨询公司建立战略合作关系。这不仅为Manus提供了雄厚的资金与资源保障，也彰显了业界对AI代理模式的高度认可。

从多个采访中可以看出，Manus团队非常强调"产品体验"与"技术减法"。他们认为，优秀的AI产品不仅要突破技术边界，更要实现"复杂技术的透明化"——让用户完全感受不到产品背后的技术复杂度。这种理念使Manus在工具调用、长程任务规划等方面展现出接近人类的流畅度。

为使Manus拥有更卓越的性能，Manus团队采用了跨职能协作模式进行开发：算法专家负责核心智能体架构和大语言模型对接，架构师搭建云端调度平台，产品经理与交互设计团队持续优化交互体验，运维工程师则确保系统安全与稳定。这种分工明确的协作体系，使Manus能够快速迭代，兼顾性能与易用性。

作为中国本土孵化的科技团队，其在Manus项目上的大胆创新，不仅展现出中国本土AI研发团队的实力，也引发了行业对技术落地的深度思考：AI技术如何能更好地落地？如何真正服务大众？在西方AI巨头，如OpenAI、Google等占据全球视野的当下，Manus的横空出世为中国AI产业带来了新的可能。

1.3　Manus 发展历程与市场表现

在2022年年底，Manus团队推出名为Monica的AI浏览器插件，这款插件能为用户提供智能的辅助性搜索提示和问答，但仍依赖对话交互。后来，研发团队将插件理念升级为"代理化"——让AI可以直接操控浏览器执行任务。这一创新思路最终催生了2023年正式立项的Manus项目。

从市场表现来看，Manus在GAIA基准测试中取得了亮眼的成绩。GAIA是业界新兴的权威测试系统，用于评估AI代理在多步骤推理、工具使用、上下文记忆等多维度的综合表现。据Manus官网披露的数据，Manus的平均得分显著超越OpenAI的Deep Research，尤其在"多任务协同"与"复杂检索"两个指标上表现卓越，如图1-1所示。

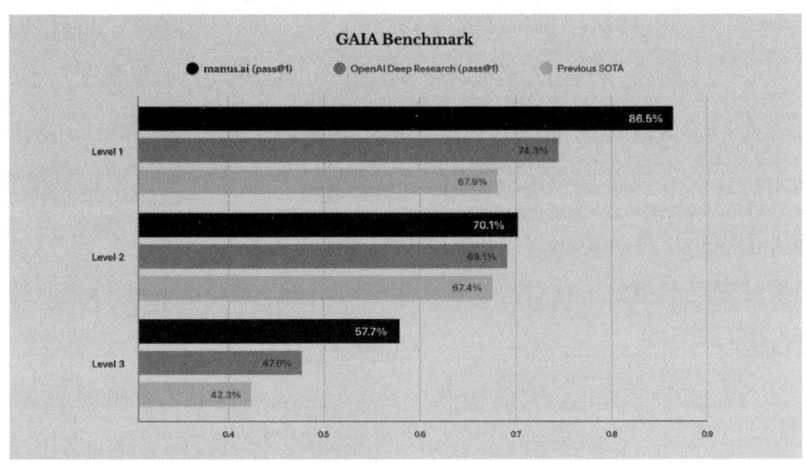

图1-1　Manus官网披露GAIA基准测试数据

经过持续的技术迭代与内测验证，2025年3月，Manus正式发布，定位为"全球首款真正通用的AI代理"。

Manus发布后，在短短一周的时间内迅速登上各大社交媒体的热搜，引发了大量关注与讨论,央视网和《每日经济新闻》等权威媒体纷纷报道Manus"一夜火爆",如图1-2所示;多家AI概念股应声上涨,引发资本市场对"AI代理"概念的追捧;Geeksavvy等知名博主纷纷撰写长文拆解Manus工作流程,肯定其"真正有干活能力";一些国外科技媒体也跟进报道,"多智能体协同"的思路得到不少研究者的认可。

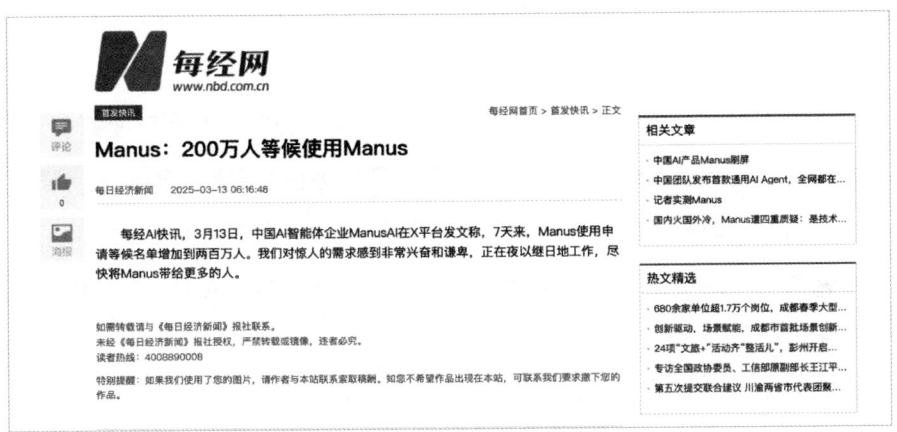

图1-2 《每日经济新闻》报道

尽管Manus展现出强大的潜力,但也不可避免地受到质疑:面对极其复杂的多步骤任务,Manus有时会出现逻辑混乱或执行失败的情况,需要人工干预;在技术深度上,如何在保证通用性的前提下满足垂直行业需求,是急需解决的问题;在日趋激烈的市场竞争中,各大公司竞相推出AI代理产品,Manus如何保持领先地位?虽然宣传强调零基础使用,但在实际应用中用户仍需学习如何编写合格的任务指令,这无疑提高了学习成本;此外,AI代理自动执行任务的权限如何设定,如何防范恶意利用等问题亟待解决。

回顾Manus从概念到真正落地的历程,不难发现,其发展之迅速、知名度之高,很大程度上得益于研发团队对AI代理这一新理念的前瞻性把握。尽管目前仍面临一些技术和商业挑战,但从市场表现来看,Manus已具备一定的先发优势，随着Manus的不断迭代、社区生态建设不断完善、更多强有力竞争对手的入局，Manus能否成为引领AI代理风潮的"标杆之作"，值得继续关注。

1.4 Manus核心目标：从"思考"到"行动"

传统AI产品大多围绕如何给出"正确答案"研发，无论是搜索引擎、机器翻译还是问答系统，都把准确回答问题作为核心目标。而Manus强调的不是回答，而是"执行"——不是告诉用户"如何做"，而是直接替用户把任务做完。这种理念上的升级，正是推动Manus从"被动工具"转变为"主动代理"的关键。

Manus从"思考"到"行动"的四大支柱如下。

◎ **感知**：自然语言理解、多模态信息处理（读取文档和网页内容）、上下文信息整合。

◎ **规划**：将目标分解成可执行的子任务。

◎ **执行**：调用各种工具执行实际任务。

◎ **回馈**：在任务执行过程中进行自我校正与自动优化。

从我们给出任务指令，到AI代理理解与决策，再到任务执行与结果输出，上述四大过程反复循环，形成一个持续迭代的工作流。

Manus团队在多个场合表示，AI代理是否有价值，最根本的评判标准是"能否让我们轻松解决现实问题"。

Manus团队希望能将人类从机械化、复杂但可流程化的工作中解放出来，聚焦于更具创造性的领域。以教育行业为例：教师日常工作中诸如课件制作、作业批改和资料整理等标准化、重复性事务可交由Manus自动处理，而教师则能将节省的时间投入教学方案优化、个性化辅导等真正需要创造力的工作中。

在开发时，研发团队强调要将其做成"亲和而不失专业"的数字伙伴，而不是让人觉得自己是在对着冷冰冰的程序下指令。不少用户表示，在初次接触Manus时都感到"它真的能理解我"，这得益于其强大的高维语义理解能力及上下文记忆能力。Manus能够在多轮对话中保持对话逻辑的连贯性，降低了用户的学习成本。

Manus的核心理念还包括"集体智慧"（也称"集群智能"），常规的模型无法在所有情况下都做出最好决策，Manus通过将规划、执行、验证等不同工作分配给不同的代理，实现了代理间的优势互补与缺陷修正，有效提升了系统应对复杂场景的能力。

在传统的软件流程中，一旦需求或环境稍有变化，就可能导致整个流程"卡死"。Manus试图通过自我反馈与多轮检索机制来动态适应环境的不确定性。例如，若某个网站结构发生变动导致网页抓取失败，Manus能立即切换到其他的搜索方式；若某段数据统计结果与预期不符，它会再次调用浏览器查找更多数据来源进行数据比对。通过这种方式，Manus展现出更高的灵活性。

1.5 Manus的市场定位及未来潜力

不同于有些AI产品只瞄准专业领域，Manus自始至终强调通用，它希望服务广谱用户，具体如下。

◎ 要处理众多琐事、想提升效率的普通人。

◎ 缺乏专业IT资源，但需要自动化办公的团队。

◎ 需要有一个内部信息整合与协作平台，以提升生产力的大型企业。

◎ 金融、教育、医疗、物流等领域的大中小企业及相关从业者，均可依托Manus的核心能力优化业务流程、提升效率。

这种广泛的覆盖面决定了Manus不局限于某个小众市场，而是以成为"全民AI助手"为发展愿景。尽管市场竞争激烈，但若该目标得以实现，其潜在市场规模将极为可观。

另外，在企业场景中，RPA（机器人流程自动化）作为主流的自动化解决方案，通常依赖人工预先定义流程脚本，存在学习能力有限、应变能力不足的局限性，且只能处理结构化任务。相比之下，Manus具备自然语言理解、多步骤自主规划和跨平台工具调用能力，可动态适应用户的需求变化，这种升级版的"AI自动化"不但适用范围更广，而且维护成本更低，将给传统RPA市场带来冲击。

随着数字化转型成为各行业的共同目标，像Manus这样聚焦"执行力"的AI代理有望成为"数字员工"，对无力组建IT团队或无法承担高昂外包费用的中小企业而言，借助Manus这样的通用型AI代理，能够以较低成本实现业务流程的自动化与智能化。这种AI代理的大范围应用，可有效带动整个社会生产力的提升，如同当年计算机与互联网的普及一样，很可能带来新一轮的产业革命。

尽管前景广阔，Manus在实际应用中仍面临多重挑战，具体如下。

◎ **算力限制**：通用型AI代理需要调用多种模型与工具，规模化运行意味着大量的算力消耗，用户需要支出高额成本。

◎ **数据安全**：很多企业对将数据上传到云端有顾虑，所以Manus等AI代理急需提供本地化或私有化部署方案。

◎ **算法迭代**：多智能体协同调度算法尚处于发展阶段，任务分配效率与任务执行稳定性仍需持续迭代。

◎ **监管与合规：** 各国对 AI 自动操作、数据跨境流动有不同的法律规定，相应产品在功能设计上需要进行复杂的合规性适配。

要真正实现规模化发展，Manus 需逐渐从"单一工具型产品"向"生态型平台"转型，通过吸引第三方开发者与合作伙伴在 Manus 的基础上开发各类插件与工具，打造类似"AI 代理应用商店"的模块化体系。这种开放架构能巩固其在通用型 AI 代理领域的领先地位。

现阶段，Manus 已经展现出令人瞩目的全能特性，但要在 AI 时代占据主导地位，必须实现技术突破、生态建设和商业模式创新的有机融合。

1.6 本章小结

本章介绍了 Manus 的背景、定位与核心目标，阐述其从"回答型"AI 到"行动型"AI 的意义与价值。Manus 的诞生源于其研发团队在多智能体领域的技术积淀，区别于传统 RPA 的脚本依赖模式，Manus 使用户仅需自然语言交互即可完成复杂任务。当前 Manus 已展现出从文档处理到多步骤自动执行的多维能力，标志着 AI 生产力工具正在从辅助决策向自主执行任务的范式迈进。

第2章 Manus的底层逻辑

在AI技术迅速发展的当下,通用型AI代理Manus已突破传统对话问答功能的局限,正加速向行动型AI迈进,图2-1为Manus官网首页。Manus能够将我们的语言描述转化为具体成果,其核心能力涵盖独立思考、自主规划、任务执行、工具调用等维度。本章将围绕这几大维度展开讲解,帮助读者全面了解Manus如何将"思考"转变为"行动",以及它在各类场景下展现出的应用潜力。

图2-1 Manus官网首页

2.1 独立思考与自主规划

Manus的能力首先体现在自然语言理解上。我们输入的任务指令往往是自然语言描述,这就要求Manus必须准确理解语义、根据上下文提炼出用户的核心目标。

传统的问答型AI往往仅能做出简单的文本回应,而Manus则需要解析更复杂的多层次信息。例如,当我提出需求"规划7天日本旅行行程并给出求婚建议"时,Manus不仅要识别出"旅行"这一主题,更要理解"日本""求婚"等关键信息,并将这些关键信息内化为可分解的任务目标,如图2-2所示。

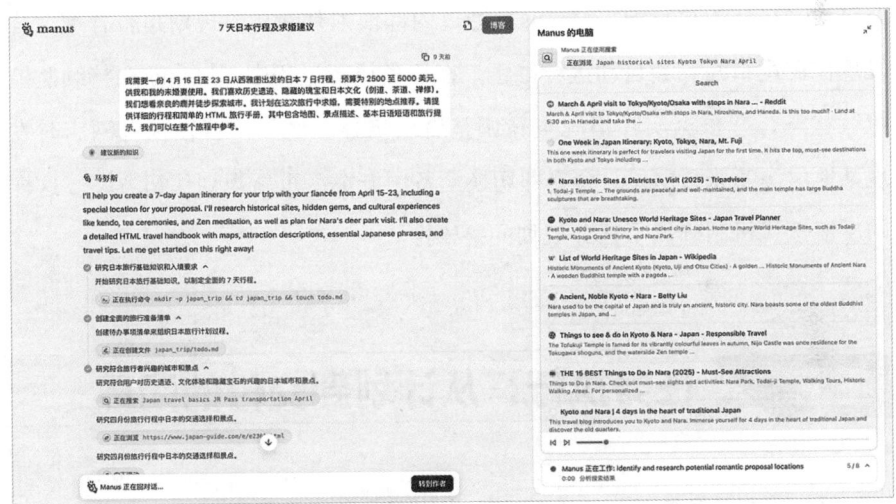

图2-2 Manus分解任务

独立思考的核心是自主规划。Manus不仅需要准确理解用户需求,而且还要对复杂任务进行分解,将整体任务拆分为多个子任务,每个子任务对应一个具体的操作步骤或信息处理模块。以"规划日本旅行行程"为例,

Manus需要将任务分解为确定旅行目的地、查询交通工具、规划行程安排、合理分配预算、推荐景点和酒店等。这样的分解不仅使问题更易处理，也使Manus能够针对每一个环节调用专门的工具辅助决策。

任务分解之后，Manus需要对各个子任务进行优先级排序，并确定具体的执行顺序。这一过程涉及对任务依赖关系的理解及对实时环境的考量。例如，在旅行规划中，确定出行日期与机票预订通常要优先于行程安排，因为机票价格和座位情况具有时效性。在此过程中，Manus采用动态决策算法和启发式搜索策略，综合考虑任务的重要性、紧迫性及执行难度，从而制订更完善的计划。这样的自主决策机制使Manus能够在复杂场景中展现出良好的应变能力和灵活性。

独立思考不是一次性任务规划，而是一个不断反馈、调整和优化的动态过程。在任务执行前，Manus会通过内部模拟判断初步规划是否合理，若发现存在逻辑漏洞会自动进行修正。在任务执行过程中，Manus会持续监控执行状态，并根据实际情况重新调整后续步骤。例如，若在预订酒店时发现某地房源紧张，Manus会立即切换至备用方案，重新规划住宿方案。这样的反馈迭代机制确保了任务规划的鲁棒性。

2.2 任务执行：从计划到交付的闭环

Manus在任务执行方面的能力主要体现在其能够将既定的任务分解为一系列可操作的具体步骤，并在云端环境中分步执行，最终交付完整的工作成果。

在任务执行过程中，Manus采用自动化流程监控体系，每个子任务在执行前都会生成相应的执行指令，而这些指令会通过调用云端服务、应用程序接口（API）和虚拟环境工具来具体执行。与此同时，Manus 内部会生成实时记录各项操作的日志，并利用内置的监控模块对每个子任务的执行状态进行检测。在任务执行过程中如果发现某个步骤进展缓慢或出现异常，Manus 能够自动暂停并通知用户进行干预或启动备用方案。

考虑到实际场景的复杂性，Manus 构建了动态纠偏机制，确保在任务执行过程中能够实时根据最新信息调整操作方案。例如，在数据分析任务中，如果采集到的数据存在异常值或网络数据源出现延迟，系统会自动进行数据源校验，动态切换分析方法，从而保证分析报告的准确性与完整性。这种实时反馈机制既支持系统自主纠错，又允许用户在必要时手动干预，从而实现人机协同的决策闭环。

作为 AI 工具，Manus 的终极目标始终聚焦于高质量成果输出，在任务收尾阶段，Manus 会对各个子任务的执行结果进行整合，生成最终的分析报告或交互式产品界面等。

以其在教育领域的应用为例，Manus 可将动画模块、交互控件和教学文档打包成一个完整的 HTML 网页，使教师可以直接在课堂上展示或上传到公共网络中供学生预习与复习。

经过多行业试点验证，Manus 的任务执行效果得到了广泛认可。从技术社区和社交平台上的评论来看，Manus 在处理复杂的多步骤任务时，能够显著缩短任务完成时间，并保持较高的准确率。例如，有网友指出：在金融数据分析场景中，Manus 可以在短短几分钟内完成从数据采集、清洗处理、统计分析到图表生成的全部操作。这种自动化任务执行能力在大幅提升效率的同时，其实时监控与反馈机制也使用户对任务进展一目了然，显著增强了任务执行过程的可控性与结果的可信度。

2.3　工具调用：整合外部资源

应对复杂任务时，单靠内置大模型的计算能力往往不足以覆盖所有场景，为此，Manus设计了一个开放式的工具调用框架，支持在任务执行过程中调用各种外部资源，如浏览器、数据分析软件、代码编译器、图像处理工具及各种API，如图2-3所示。这种设计不仅拓展了Manus的功能边界，还能使执行过程更加高效和精确。例如，当需要进行大规模数据统计时，Manus可直接调用云端计算资源；当需要生成高质量图表时，它可以调用第三方图表绘制工具，从而高效地完成任务。

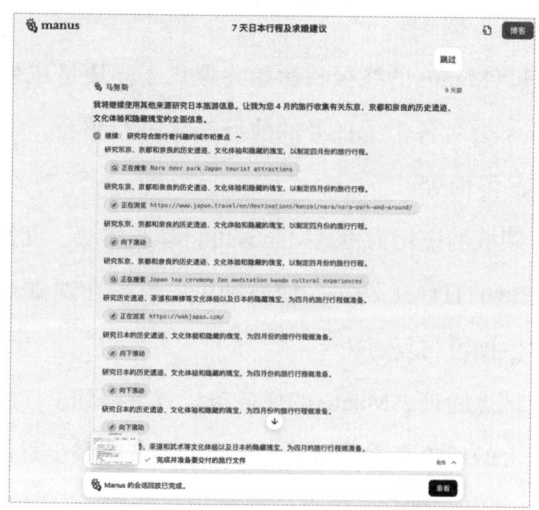

图2-3　Manus调用各种外部资源

Manus的工具调用框架建立在灵活的接口机制之上。Manus预先整合了多种常用工具和服务，每个工具都有明确的调用规则和安全限制。例如，在执行文本生成任务时，Manus可以调用自然语言处理工具完成从分词标注、情感分析到文本生成的流水线作业；在编写代码时，Manus则会调用在线代码编辑器与执行环境进行相关操作。这种可扩展的架构不仅强化了工具间的协同配合，而且也为Manus的扩展提供了无限可能。

工具调用模块采用了异步调用机制，既保证了任务执行的高效性，又能在调用过程中避免Manus因单一工具响应缓慢而整体卡顿。通过构建任务优先级队列，将工具调用请求分配至不同模块并行处理，再通过统一接口整合返回结果。动态资源调度策略能够实时监测系统负载，以确保在资源紧张时Manus能自动调整任务优先级和资源分配方案，从而在最短时间内获得最佳执行效果。以数据采集任务为例，Manus可同时调用多个数据源进行比对，选取最准确的数据进行后续处理。

2.4 多场景应用：跨领域的广泛适用性

Manus作为通用型AI代理，其核心理念之一便是适应多样化的应用场景，无论是企业办公、金融分析、教育教学等专业场景，还是个人日常生活管理，它都能通过灵活的任务规划和工具调用实现自动化操作。Manus通过模块化的设计，将核心功能抽象成多个模块，每个模块既可以独立运行，又可以根据实际需要组合成更复杂的工作流。这种设计既保证了功能的通用性，也使Manus具备更好的扩展性与适应性。

在不同的领域中，Manus都展现出不俗的效果。

◎ **旅行规划**：用户只需描述出行需求，Manus便可自动完成行程规划、票务预订、住宿安排等，并输出一份详细的旅行计划。通过整合地图数据、实时交通API和酒店评价系统，Manus能够快速生成高性价比的出行方案。

◎ **股票分析**：Manus可利用数据采集工具获取股票历史数据，并调用

内置的分析算法生成详细报告。用户可以通过交互界面查看数据图表、关键指标及预测结果,从而做出相应决策,获得从数据采集到报告生成的一体化服务。

◎ **教育教学:** Manus可生成教学动画、实验演示和习题讲解等内容。Manus可以自动检索相关资料、设计动画脚本并调用代码编辑器生成HTML网页,让抽象的概念、定义变得更直观。

◎ **数据收集与分析:** 企业可以借助Manus进行数据的收集与分析,并生成趋势图和竞争对手分析报告,为战略决策提供数据支持。

◎ **文案撰写:** 在创意领域,Manus可帮助我们整理素材、撰写营销文案等,既可以节省时间又能提高写作效率。

这些案例展示了Manus在跨领域应用中的强大能力。由于需求各不相同,Manus通过用户配置选项和个性化定制功能,实现了对不同用户群体的精准适配。无论是专业技术人员需要精细调控参数,还是普通用户需要以最简单的方式输入需求,Manus都能智能调整交互细节和操作复杂度。例如,面向企业级用户时,Manus会提供详细的任务监控模块和数据统计功能;而面向普通用户时,则侧重简洁易用的交互界面和直观的成果展示。这种分层适配机制确保了Manus在不同应用场景和用户层级中均能保持良好的适用性。

随着技术不断进步,Manus的应用潜力将进一步释放,未来Manus将在以下领域有广泛应用。

◎ **智慧城市:** 政府机构通过Manus实现公共资源的智能调度与公共服务的协同管理。

◎ **医疗健康:** 医疗机构能够利用Manus辅助进行病历管理、药物调配与远程诊断。

◎ **教育培训:** 在线教育平台集成Manus后,可为学生提供定制化学习辅导和虚拟实验环境。

◎ **智能制造**：工业企业部署Manus后，可实现生产流程的实时监控和自动化调度，最大化提升生产效率。

应用场景的持续扩展将推动社会生产力的提升，同时为Manus构建全球级通用型AI代理体系奠定了坚实的基础。

2.5 本章小结

本章介绍了Manus的核心功能体系，涵盖自主决策、任务闭环、资源整合等维度。Manus构建的完整智能服务体系，不仅有效降低了AI工具的使用门槛，更为企业级用户和普通用户提供了标准化与定制化兼备的智能解决方案。这种通用性与垂直性兼备的能力特征，预示着未来AI将重构各行业的工作流程，为各领域的数字化转型提供新动力。

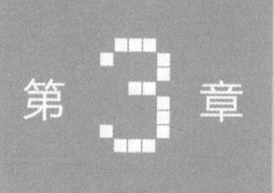

第3章 Manus应用实战

Manus作为一款通用型AI代理，测试阶段采用邀请制和用户申请等方式开放（如图3-1所示），想要使用Manus，需要先在官网提交测试资格申请以获取邀请码申请并不复杂，且邀请码的发放速度正在不断提升。[1]

本章将详细介绍从申请邀请码到登录再到实际应用的全流程，并解答一些常见问题，以便读者能够顺利使用Manus。

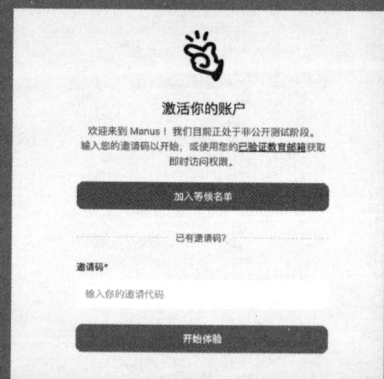

图3-1 需输入邀请码

---

[1] 2025年5月13日，Manus宣布正式向所有用户开放注册，用户无需等待名单或邀请码即可使用。

3.1 注册与登录

目前申请使用 Manus 的方式有三种,分别是官网申请、参与官方活动、好友推荐,具体介绍如下。

◎ **官网申请**：访问 Manus 官网,在官网首页找到"申请内测"专栏,填写内测申请表,如图 3-2 所示,填写个人信息与使用场景描述后,就会进入审核队列。官方会按批次发放邀请码,如果迟迟没有收到邀请邮件,可通过 Manus 官网公告栏或客服查询进度。

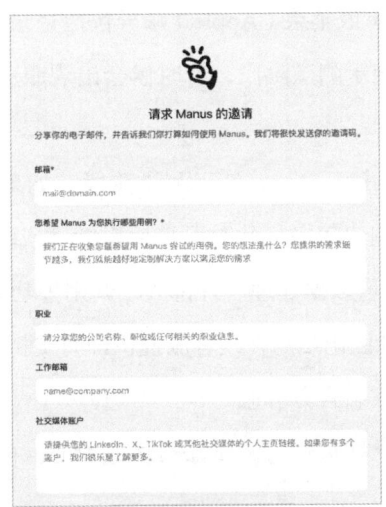

图 3-2　申请邀请码

◎ **参与官方活动**：关注 Manus 官方社交媒体账号（公众号、微博等）,通过撰写体验报告、提交产品提案等活动赢取邀请码。部分合作技术社区（如 GitHub）也会开展限时赠码活动。

◎ **好友推荐**：已获得测试资格的用户有专属邀请链接或邀请名额,通过该渠道申请通常可优先通过审核。

获得邀请码后,就能注册自己的 Manus 账号了。接下来介绍如何进行注册与登录。

◎ **激活账户:** 单击邀请邮件中的专属链接(格式为https://manus.im/invite/××),进入注册页面。

◎ **填写注册信息:** 输入邮箱、用户名及密码,需确保邀请码准确无误(注意区分大小写及特殊字符格式)。

◎ **邮箱验证:** 提交注册信息后,前往邮箱进行验证(如单击 Verify My Account按钮),激活账号。

◎ **登录账号:** 访问官网登录页面,使用注册时填写的邮箱账号进行登录,也可以通过 Google 或苹果(Apple)账号快捷登录。

目前,Manus 还处于测试阶段,有时候会出现服务器繁忙、部分功能被限制的情况。

◎ **服务器繁忙:** 由于 Manus 处于测试阶段,如果遇到使用高峰,会导致服务器繁忙,任务响应较慢,此时可稍后再尝试或联系官方客服。

◎ **功能限制:** 批量数据处理、外部 API 调用等功能未完全开放。

Manus 官方设有社区论坛与在线客服提供即时支持,若使用中遇到问题,可在论坛寻求帮助或联系官方客服。

完成上述操作后,即可通过测试账号体验 Manus 的智能服务。

3.2 任务创建与指令撰写

成功登录后,即可正式与 Manus 进行互动。本节重点介绍如何创建任务并撰写任务指令。所谓任务指令,就是在对话窗口中告诉 Manus "我要做什么",Manus会基于描述生成一整套任务执行流程。本节还会提供一些撰写指令的技巧,帮助用户更准确地获得满意的结果。

在Manus中,有一个比较重要的概念——任务,可以理解为用户希望AI帮忙完成的工作,如写一篇市场分析报告、整理Excel中的数据、制作PPT、分析某段文本等,都可视为任务。有的任务非常简单,只需一次对话即可完成;有的任务则十分复杂,需要数十步操作才能完成,甚至需要长时间在后台执行。

每当用户向Manus发出一个指令,即可视为创建了一个新任务。Manus会自动记录这个任务,并自动生成任务追踪文件(todo.md文件)。

创建任务的方式如下。

◎ **对话式交互**:这是最常见的方式,直接在聊天窗口中发送自然语言指令,如"作为资深财务分析师,请为英伟达公司构建Excel估值模型"。系统将自动解析需求并开始执行任务。

◎ **任务面板创建**:Manus提供任务面板,可以通过在任务面板中单击"新建任务"按钮来创建任务,创建时需要写清楚任务标题、详细描述、优先级、截止时间等信息。该模式适用于企业级项目管理。

◎ **API自动化接入(规划中)**:Manus将开放API,支持通过代码指令创建任务。

接下来讲解如何撰写高质量的任务指令。

与传统对话式AI不同,Manus作为执行型AI代理,用户可逐步摆脱复杂的提示词,一条"好"的指令能够显著提升Manus输出结果的准确性和可用度。高质量任务指令的撰写关键点如下。

◎ **明确目标**:明确告诉Manus你想要达到的目标或想要获得的结果,如"分析这份销售数据,识别销售额最高的品类并绘制其销售数据柱状图"要比"看看这份数据"更明确,让Manus更准确地理解你的实际需求。

◎ **提供任务背景或相关上下文**：如果任务需要特定的前置信息，请在描述中说明或提供相应的文件。例如，上传Excel文件后告知Manus："这是我们最近3个月的销售明细，内容包括日期、品类、数量和销售额。"接着再提出具体的任务需求。背景信息越完整，Manus越能快速做出正确响应。

◎ **指定输出形式**：让Manus知道你希望将结果以什么形式输出，是文字、图片、Excel表格，还是PDF格式的报告，抑或是Markdown代码？例如，你可以这样描述想要的结果："请将最终结果导出为PDF文档，内含可视化图表与分析结论。"

◎ **字数控制和风格指定**：如果你对输出结果的字数或语言风格有要求，请在指令中详细说明，如"字数控制在800～1000字，语言风格通俗易懂，适合作为科普文章"或"将结果整理成正式的商务公文，避免口语化表达"。明确要求可减少后续调整次数。

◎ **列出关键点**：处理复杂任务时，建议分点列出子任务，如"1.搜集市场规模数据；2.分析主要竞争对手；3.预测未来两年的市场需求变化情况；4.得出结论并提出建议"，Manus将按此顺序创建todo.md文件并执行相关任务。

◎ **信息平衡**：避免需求描述过于简略或堆砌冗余信息，用准确、精简的语言表达核心需求。如果指令过于笼统会导致Manus需反复询问以补充信息；若指令冗长又缺乏层次，则影响Manus的理解。

了解这些撰写任务指令的原则，能大大提升Manus的工作效率。接下来我们举例说明不同复杂度的任务指令应该怎么写。

◎ **简单指令**："请写一个150字左右的微博文案，用于推广新款手机壳，突出'防摔、耐划、时尚'三大特点。"

◎ **中等复杂指令**："分析附件中的用户评价数据，按'好评''中评''差评'三类进行统计，提炼出常见的用户抱怨点；用饼图展示不同评论的占比,并撰写500字左右的总结分析。"

◎ **复杂指令**:"附件中是2022年Q1~Q4的财务报表数据,计算各季度的净利率、毛利率,以及同比、环比变化趋势,并用折线图或柱状图可视化,生成一份包含主要财务指标解读、变化因素分析及应对策略的PDF报告,报告字数1000~1500字。"

通过示例可以看出,越复杂的任务越需要明确列出待办事项、输出要求、数据来源等,帮助Manus高效展开工作。

3.3 工具调用与过程监控

创建任务后,Manus会自动进入执行阶段。在此期间,用户仍可以通过任务面板或对话实时查看使用的"工具"、任务执行进度,并进行必要的干预。本节将详细介绍Manus的后台工具调用机制,以及用户可以进行的过程监控操作,包括进度追踪、任务暂停、任务修改等。

前文提到,Manus能够调用浏览器、编码代理、深度研究模块等工具,以完成收集信息、编写代码、数据分析等子任务。这些工具调用均发生在云端的沙盒中,对用户而言大多是"后台"行为。

◎ **浏览器**:Manus能模拟人类操作来访问网页、填写表单、下载文件、读取页面文本等。

◎ **编码代理**:Manus会自动编写并运行Python脚本等,执行数据处理、文件批量操作、建模训练等任务。

◎ **深度研究**:Manus会通过多轮检索收集资料,进行逻辑推理与深度分析,适用于报告撰写与学术研究。

执行任务时，Manus会根据任务描述及分解出来的各个子任务智能调度工具，例如，需要搜索外部数据时会调用浏览器；需要进行统计运算时会启动Python。所有工具的输出结果均会存入系统记忆库，供后续调用。

Manus日志界面默认隐藏具体工具调用细节，仅显示关键进度及状态提示，如图3-3所示，以保证非技术用户的使用体验。

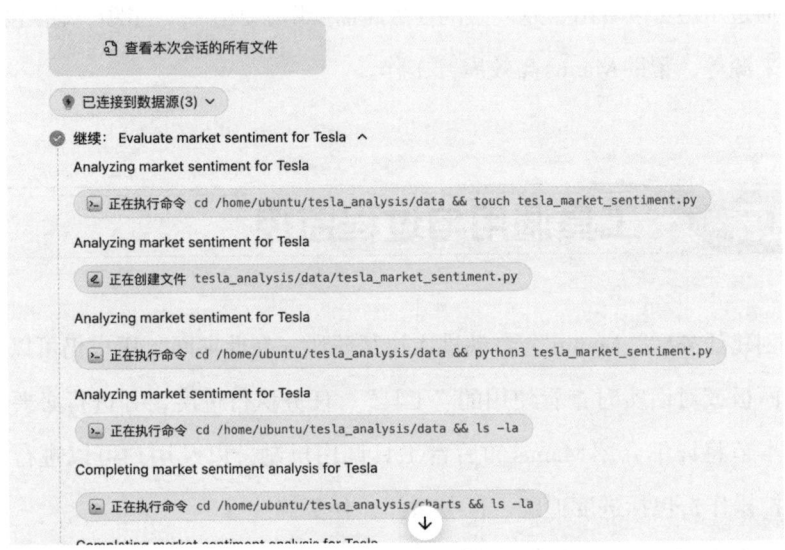

图3-3　Manus日志

如需了解具体操作步骤及任务进度，可通过以下几种方式进行实时监控。

（1）对话界面进度提示：在对话界面中，Manus会周期性推送状态更新，如"正在搜集资料……（1/5）"或"已完成数据分析，进入报告撰写阶段（3/5）"等，这类进度提示不涉及技术细节，仅告知当前阶段任务进展。如果等待时间较长（如10分钟仍未完成），Manus也会适时提醒："此步骤需要更多时间进行深度分析，请耐心等待。"

（2）思考过程面板（高级模式）：Manus有自主思考模式，如图3-4所示，在设置中打开"显示AI思考过程"或"Show Internal Reasoning"选项后,将新增独立面板,实时显示Manus的子任务执行情况。

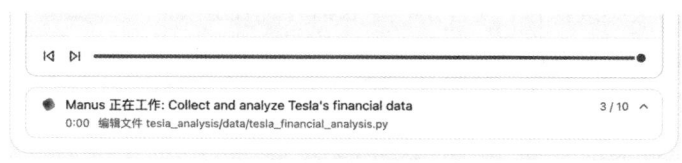

图3-4 显示思考过程

独立面板中会显示当前正在执行的子任务(如"查找市场规模数据")、已完成的任务、正在调用哪个工具(浏览器、编码代理(Coding Agent)等),以及工具返回的结果摘要。这些信息可帮助技术型用户深入了解Manus的运行机制,但因信息量较大,可能会对新手用户造成干扰,因此默认关闭。

通过上述监控手段,用户可以在不同程度上了解和控制Manus的任务执行过程。大多数情况下Manus的任务执行无须实时监督,但在一些关键节点或长时任务中,进度跟踪与适时干预将显著提升效率。

Manus的交互机制比较灵活,在任务执行过程中也可以补充或修改指令。常见的指令补充或修改场景如下。

◎ **Manus主动询问:** 如果任务执行过程中缺乏关键信息(如未规定预算范围、缺失关键数据文件等),Manus会通过对话框发起询问,用户只需回复具体参数或上传文件即可恢复流程,回复要尽可能具体,如"预算控制在5000元以内,一周内完成"。

◎ **动态修正:** 若发现初始指令有遗漏或需求有变更,可随时补充说明,如"在报告中加入上一年的竞品分析。"Manus将自动更新todo.md文件并调整任务流,必要时会重新规划任务执行过程,如用户要求把补充上一年的竞品分析插入第2步和第3步之间,此时Manus会重新规划任务。

◎ **任务中断:** 当目标变更需中止当前任务时,输入"取消任务"或单击任务面板的"取消"按钮,Manus就会终止后续操作并归档已生成的结果。

如果只是暂时不想消耗计算资源，使用"暂停"功能可冻结进程，单击"恢复"按钮后会继续执行任务（适用于长时计算任务）。

◎ **阶段性成果预览：** 任务执行期间用户可随时查看成果。例如，用户可以发送"请展示当前数据采集摘要"或"输出现有图表预览"等指令，Manus将根据进度返回对应文件，预览后如需调整生成方向，可将反馈指令发送给Manus，使其在下一步进行修正。

通过对话控制、进程暂停、成果预览等方式，用户与Manus可实现实时协作。

3.4 查看和获取结果

任务执行完成后，接下来的关键是获取和查看最终结果。所有结果（如文本报告、表格、图片、程序、网页链接等）都需要在对话界面中保存或下载，以便后续使用。本节将介绍如何查看和获取结果，以及如何与他人协作共享。

获取Manus生成结果的方法有如下几种。

◎ **对话界面直接输出：** 对于字数不多、信息量较小的结果，Manus会直接在对话界面输出，如几百字的摘要、短程序代码、部分关键统计数据等。用户可直接复制文本到本地进行保存。

◎ **附件下载：** 如果结果是较大的文档、表格、图像等，Manus往往会生成附件或给出下载链接，如图3-5所示，单击相应的附件或下载链接即可获取相应文件，下载后可保存在本地或云端。

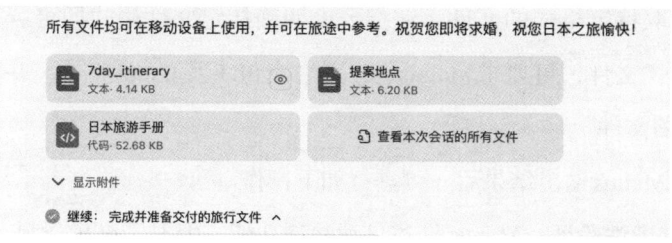

图 3-5 附件下载

◎ **嵌入式预览**：Manus 支持嵌入式预览，对话界面右侧提供可滚动或可交互的小窗口，可实时预览可视化图表、Markdown 代码、HTML 网页等。用户可以直接查看排版效果，或者与图表进行交互（如鼠标悬停显示数据点），有助于用户快速检查排版效果和内容质量。

◎ **自动部署链接**：在特定应用场景下（如部署一个小型网站、生成可在线访问的可视化仪表板），Manus 会提供一个临时域名链接，供用户单击查看效果。

通过多维度成果交付机制，用户可便捷地获取并使用 Manus 输出的成果。若输出格式不符合预期，可通过指令调整，如发送"导出为 PDF 文件"或"生成 Excel 表格"等指令，Manus 将即时进行格式转换。

Manus 支持多种文档或数据格式，常见的格式列举如下。

◎ **文档类**：PDF、Word（.docx）、Markdown（.md）、HTML 等。

◎ **表格类**：Excel（.xlsx）、CSV、TSV 等。

◎ **图像/可视化**：PNG、JPEG、SVG 等。

◎ **代码/脚本**：.py、.js、.ipynb 等。

◎ **音频**：MP3、WAV 等。

◎ **视频**：MP4 等。

若用户未指定输出格式，Manus 默认返回通用文本或 Markdown 代码。但对于分析报告、财务报告等文档而言，PDF 或 Excel 文件更便于后续处

理，要获取特定格式的文件，在指令中明确指定文件格式即可。若需同时获取多格式文件，可要求 Manus"分别生成 PDF 及 Excel 文件，并将其打包为 ZIP 压缩文件"。

获取 Manus 输出结果后，可进行如下操作。

◎ **准确性验证：** Manus 具备自动验证功能，但对于高敏领域（如法律、财务、医疗）的关键数据与结论，务必进行人工复核，若发现误差，可通过对话反馈给 Manus 进行修正或补充说明。

◎ **多轮迭代优化：** 对初步生成结果的优化可通过持续对话实现，例如："请细化报告的第三段论述"或"将图表类型从柱状图改为折线图"。Manus 将在原结果的基础上生成新文件，直至用户满意为止。

◎ **协作与二次加工：** Manus 目前的版本具备直接分享功能，能够生成分享链接（加密或公开访问），方便团队成员协同审阅。生成的文件下载后可通过微信、邮件、GitHub 等渠道分发。如需进行二次编辑（如在 Word 中继续润色），Manus 可导出可编辑文档（如 .docx 格式文档）或在本地文件中直接修改。

◎ **成果归档：** 已完成任务的执行日志与生成的结果文件，可通过任务面板的归档功能进行存储，支持按时间、类型检索历史记录。

3.5 实战演练：从简单到复杂的任务指令

为了直观展示 Manus 的工作流程，本节将以实战演练的形式，从简单任务开始，逐步过渡到相对复杂的综合性任务，全程演示如何与 Manus 交互并获取结果。

先来看一个简单的任务执行示例。

◎ **任务描述**：发送任务指令"分析所附的会议摘要，制订详细的项目计划，包括行动负责人、任务节点、日期安排，以便实施协调"。这是典型的短文本生成任务。

◎ **任务执行**：Manus会自动创建子任务，分析会议摘要并制订详细的项目推进计划。Manus无须调用外部工具，可直接通过内置的大语言模型生成内容。

◎ **结果查看**：Manus输出结构化的项目计划，其甘特图如图3-6所示，我们也可以下载附件，如图3-7所示。

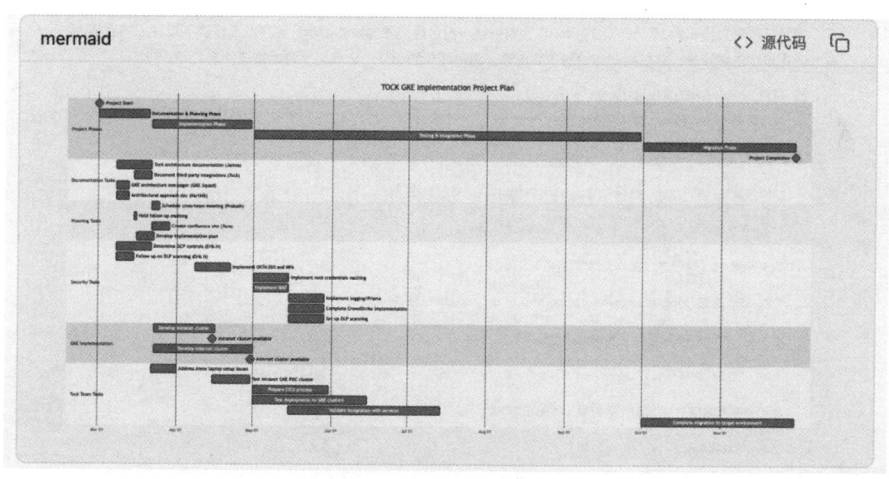

图3-6　项目计划甘特图

图3-7　附件下载

接下来介绍中等复杂度的任务执行示例。

◎ **任务描述**：发送任务指令，如"作为印度室内设计师，我需要一份全面的装修计划，以表格形式按工作类别分别列出室内装修清单，涵盖材料、施工任务及预算分配，用于预算为15万卢比的3BHK公寓的室内装修，要求包含所有施工细节且具有说服力，使其可以说服潜在客户"。

◎ **任务执行**：收到任务指令后，Manus会先进行确认回复，随后自动进入任务规划阶段，分解任务并创建todo.md文件，同时开始信息收集与内容构建。具体思考与任务拆解流程如图3-8所示。

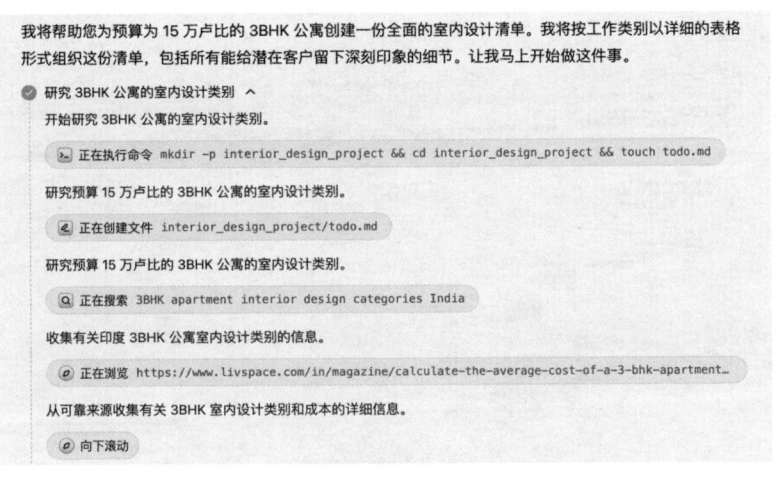

图3-8　Manus思考与任务拆解流程

◎ **进度监控**：在任务执行过程中，打开思考过程面板可以看到Manus列出的每个子任务，如图3-9所示。

◎ **结果查看**：Manus输出了一份全面、清晰、结构化的室内设计方案，其总体规划以表格形式呈现，覆盖了材料选择、施工任务、预算分配等关键信息，如图3-10所示。

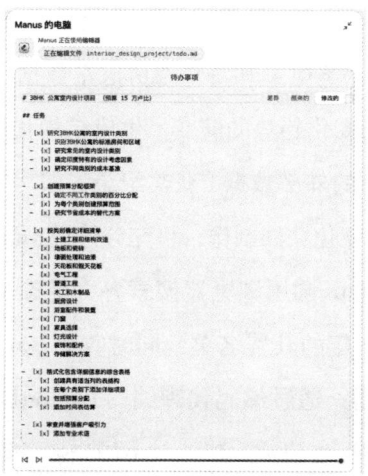

图 3-9　Manus 进度监控

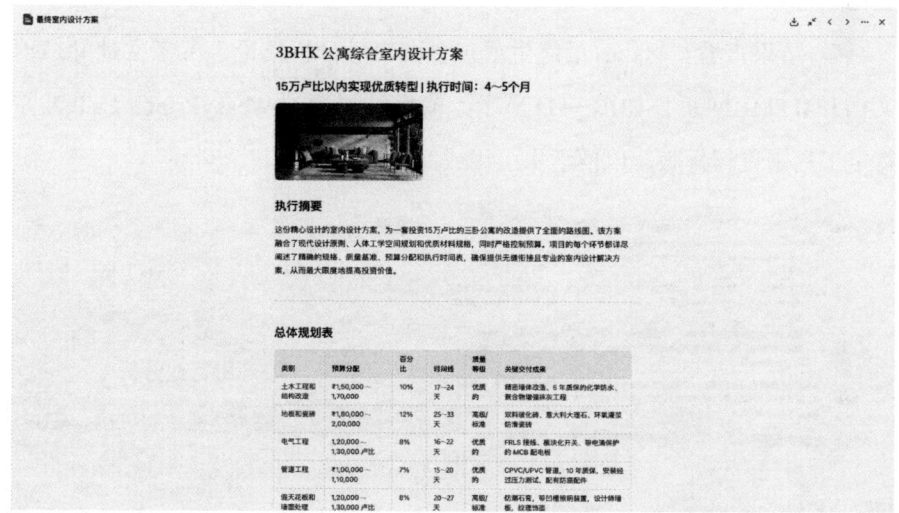

图 3-10　Manus 结果查看

最后我们来看一个较为复杂的综合性任务示例。

◎ **任务描述：**假设我们希望对过去 5 年全球的获奖电影及每年票房最高的电影进行深入分析，从中提炼电影主题、制作模式、演员阵容、市场变化趋势等数据，最终生成一份易读且结构化的PDF报告，此时指令可以是"分析过去5年全球获奖电影和每年票房冠军数据，总结电影主题、制作模式、演员阵容和市场变化趋势的演变，生成结构化的PDF分析报告"。

该任务需整合大量的外部数据（获奖纪录、票房数据等）并对数据进行审读分析，从而完成可视化文档制作，可充分体现Manus跨模块协同的能力。

◎ **任务执行**：Manus调用浏览器搜索各大电影奖项（奥斯卡、金棕榈奖、BAFTA等）过去5年的获奖名单，同时收集Box Office Mojo等票房统计平台的年度票房数据；通过编码代理编写Python脚本清洗数据，建立影片特征数据库；利用"深度研究"功能对不同来源的数据进行交叉分析，提取获奖影片和票房冠军的共同点及差异（主题、制作规模、演员阵容、市场变化趋势等）。

◎ **结果查看**：Manus最终生成包含图表、分析结论、参考文献的PDF文档和HTML网页，如图3-11所示，输出结果通过WeasyPrint、LaTeX等特定工具来进行排版，以便学术引用或商业决策。

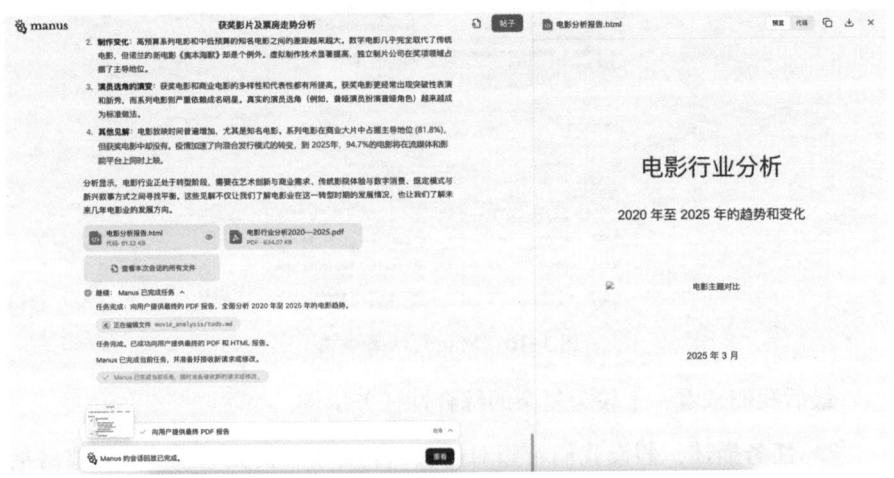

图3-11　Manus生成分析报告

通过此示例，我们可以看出Manus在面对需要进行多步骤数据获取+深入分析+文档整理的任务时，整体流程依旧流畅。

3.6 常见问题与解决方案

本节我们来梳理在实际使用Manus的过程中常遇到的问题，并提供对应的解决思路或解决方案，方便读者在遇到类似情况时能够快速排查与处理。

问题1：任务执行卡住或超时

◎ **现象**：对话无响应、任务状态长时间没有更新，或提示"Manus繁忙""服务器超时"。

◎ **原因**：服务器过载及任务过于复杂使执行时间过长、外部API调用失败、Manus系统内部发生错误。

◎ **解决方案**：等待3～5分钟后，若系统仍无反应，可尝试在对话窗口中输入"当前进度如何"触发Manus的汇报状态；若依旧无果，在任务面板中尝试新建一个任务，并重新执行之前的步骤；若多次失败，可将复杂任务分为多个子任务执行。

问题2：结果不符合预期或存在明显错误

◎ **现象**：生成的报告与真实情况不符、生成的代码无法运行，或给出的结论存在逻辑漏洞。

◎ **原因**：数据陈旧或质量不佳、任务描述不够准确、Manus理解出现偏差、"AI幻觉"（大语言模型编造它认为是真实存在的、看起来合理或可信的信息）问题。

◎ **解决方案**：提供明确的权威数据；让Manus显示任务执行中间过程并核查引用来源；如发现明显错误，可输入"请重新检查第×节数据并改正"等指令使Manus及时更正数据；输出的结果务必进行人工验证。

问题 3：无法上传或处理大文件

◎ **现象**：上传大型文件（如1 GB以上的文件）失败，或提示"文件大小超过限制"。

◎ **原因**：现阶段的Manus对上传的文件大小有严格限制，云端暂不支持超大数据集的处理。

◎ **解决方案**：对文件进行分割，只上传关键部分；适度精简数据。

问题 4：无法注册/登录或账号异常

◎ **现象**：注册时收不到验证邮件，或登录时提示"账号未激活""账号已冻结"。

◎ **原因**：检查验证邮件是否被列入垃圾邮件、账号是否存在可疑操作被暂时冻结。

◎ **解决方案**：检查垃圾邮件或让Manus重新发送验证邮件；联系客服确认是否获得内测资格；遵守Manus规范，若有争议可进行账号申诉。

通过了解这些常见问题与对应的解决方法，用户可以更从容地应对各种突发情况。随着Manus不断迭代，系统异常问题会逐步减少。对于任何强大的新技术，早期都会出现使用和认知上的种种问题，通过社区交流和及时反馈，系统会不断迭代，以持续优化用户的使用体验。

3.7 本章小结

本章呈现了一条清晰的Manus入门实践路径,涵盖Manus注册、登录、任务创建、监控执行、获取成果等环节,并通过实战演练和常见问题答疑,为读者打下坚实的操作基础,使读者能够充分利用Manus高效地完成各类工作任务,为后续深入学习做好准备。

第 4 章 旅行规划

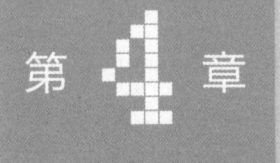

在当今快节奏的生活中,越来越多的人渴望用有限的时间去探索世界、拓宽视野。然而,在制订旅行计划,尤其是自由行计划时,往往需要耗费大量精力:既要查找目的地信息、规划行程、确定最优路线、安排住宿与交通,又要兼顾预算和时间。对于海外旅游来说,对当地语言或文化不熟悉也是一大挑战。Manus的出现,让这一切变得更加轻松便捷。本章将详细阐述Manus如何在旅行规划中大显身手。

4.1 Manus 在旅行中的应用

作为一款强大的 AI 代理，Manus 不仅能简单地回答问题，而且能综合调用浏览器、地图、翻译工具等完成旅行规划任务。本节介绍 Manus 在旅行规划中的优势及实际使用价值。

Manus 的优势如下。

◎ **信息检索能力强**：传统旅行规划需要从机票比价网站、酒店预订平台、攻略论坛等多处搜集资料。Manus 可自动进行搜索，提取最新、最全面的信息并进行深入分析。无论是热门景点还是小众活动，它都能快速匹配、筛选和整合所需信息。

◎ **多语言支持与翻译**：对于国际旅行者而言，语言障碍是常见难题。Manus 可快速将外文资料翻译为本地语言，还能为用户提供日常交流常用的短语。例如，Manus 可输出"实用日语短语表"，帮助在日本旅行的用户完成日常交流。

◎ **个性化与高灵活度**：每个人的旅行偏好都不同，有人偏爱历史文化，有人醉心自然风景，也有人热衷美食购物。Manus 可以根据用户的喜好进行规划，尽可能避免大众化行程中"人挤人"的体验。同时，它还能根据预算、出行时间和交通方式灵活调整规划。

◎ **自动化行程生成**：用户只需简述需求，如"我要在×月×日到×月×日前往××地，预算××，需要体验××特色活动"，Manus 就能一键生成完整的行程，包括每日去哪里、怎么去、玩什么，以及相应的注意事项。后续还可根据具体需求进行多轮微调，直到用户满意为止。

◎ **综合时间与预算管理**：对许多旅行者而言，"省时、省钱"是关注的重点，Manus 能够帮助用户选择性价比更高的交通和住宿方案，也能够在有限的时间内安排更优路线，减少不必要的交通折返。它还会提示用户相应的景区是否需要购买通票或是否享受季节性优惠，帮助用户更好地控制旅行开销。

◎ **可生成可视化及多格式资料**：Manus 不仅能提供文字回答，还能输出表格、地图、HTML 旅行手册等，方便用户随时查看，有些内容还带有超链接或交互式地图，使用非常便捷。

综上所述，Manus 可将烦琐的旅行规划转变为与 AI 代理简单沟通的"对话式"流程，极大地降低了旅行门槛，提升了旅行规划效率。

从使用价值与适用场景来看，Manus 适用于以下人群和场景。

◎ **自由行初体验者**：对于缺乏出境经验的普通旅客来说，Manus 是一位"全能旅行顾问"，能够提供从交通、食宿到文化体验的"一站式"方案。

◎ **高端定制需求**：一些旅客希望深入体验当地文化或探访小众景点，Manus 能够提供针对性建议，而不是常规的走马观花式"打卡"行程。

◎ **特殊主题旅行规划**：蜜月游、求婚旅行、商务考察等都需要细致的安排和准备，Manus 能结合主题优化行程，如选择浪漫的求婚地点或推荐具有代表性的文化体验活动。

◎ **多人协作**：若是团队或家庭出游，Manus 可综合不同成员的偏好和预算，生成兼顾多方利益的行程安排。

接下来，我们将展示 Manus 如何具体执行"量身定制旅行行程""安排交通与住宿""优化预算与时间安排"及最终"生成综合旅行手册"等具体任务。

4.2 量身定制旅行行程

本节将介绍如何借助Manus量身定制旅行行程，涵盖从需求描述到初步行程规划，再到多次迭代直至最终输出完整方案的全过程，接下来以一个具体场景——日本求婚旅行行程规划为例，进行详细说明。

要让Manus规划行程，首先需清晰描述需求。例如，我们可以这样写任务指令："我需要一份4月15—23日从西雅图出发到日本的行程规划，预算为2500～5000美元，供我和我的未婚妻使用。我们喜欢历史遗迹和日本文化（剑道、茶道、禅修）。我们想看奈良的鹿和徒步探索城市隐藏景点。我计划在这次旅行中求婚，需要特别的地点推荐。请提供详细的行程，其中包含地图、景点描述、基本日语短语和旅行提示，以HTML网页形式输出行程规划结果。"

从这段任务指令中，Manus需要提取以下关键要点。

◎ **日期：** 4月15—23日。

◎ **出发地与预算：** 从西雅图出发，整体预算为2500～5000美元。

◎ **旅行偏好：** 历史遗迹、日本文化（剑道、茶道、禅修）、奈良鹿园、徒步、隐藏景点。

◎ **特殊事件：** 求婚，需要浪漫且特别的地点。

◎ **输出形式：** HTML旅行手册（包含地图、景点描述、基本日语短语、旅行提示）。

只要我们的任务指令足够详细，Manus就能针对性地生成高匹配度的行程规划。

接下来，我们来看看Manus的处理流程。

◎ **建立待办事项清单：** Manus会先创建一个todo.md文件，将任务指令拆解为多个子任务，如图4-1所示。

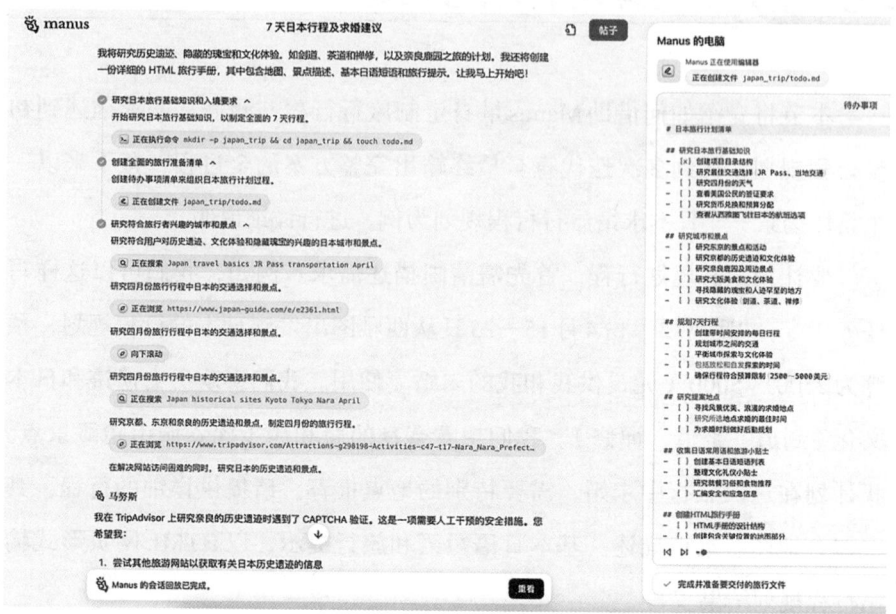

图4-1　待办事项清单

◎ **调用工具初步完成任务**：Manus会尝试访问各类旅行网站（如TripAdvisor、日本国家旅游局官网等），搜集所需信息。日志里出现"我在TripAdvisor上研究奈良的历史遗迹时遇到CAPTCHA验证"，说明Manus正在调用浏览器，但遇到了验证码问题，后文会详细介绍如何解决此类问题；遇到某些关键数据（如樱花祭日期等），Manus会进一步整合多篇资料，筛选出能够满足用户需求的内容；如果访问网站受阻，Manus会通过其他渠道继续搜索，保证不会因为一两个错误就中断整个流程，如图4-2所示。

◎ **生成行程规划并进行多轮调整**：完成资料搜集后，Manus会自动拼装出一个行程草案，如图4-3所示。若用户有额外指令（如更改预算、添加某城市），Manus会根据指令重新规划。从抵达日本当天到离开日本，Manus都做了精心安排。

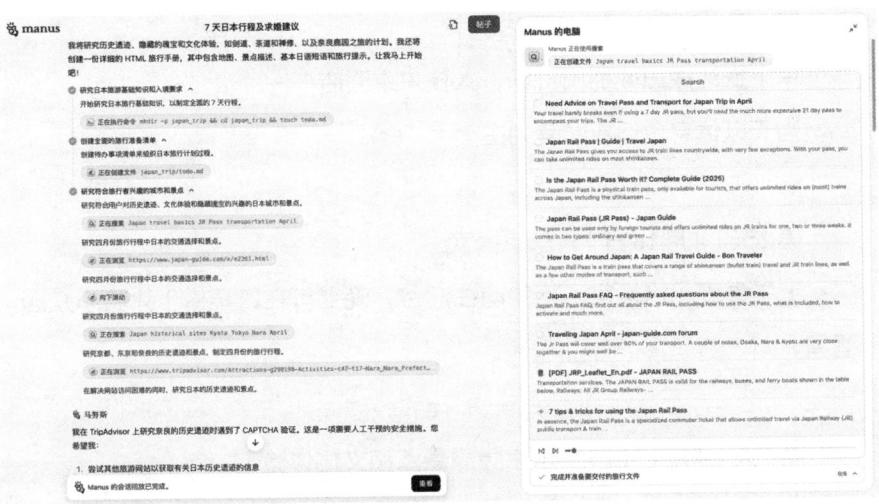

图 4-2 对话界面

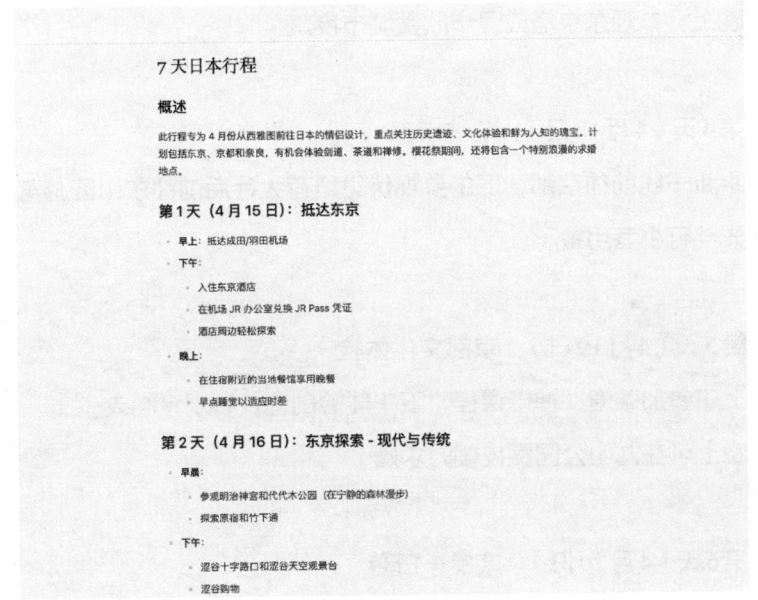

图 4-3 行程规划草案

经过多轮迭代调整,Manus 最终生成的完整的行程规划如下。

第1天（4月15日）：抵达东京

早上抵达成田或羽田机场，入住东京酒店

当天以休息、适应时差为主

第2天（4月16日）：东京探索

上午参观明治神宫，下午前往涩谷，晚上可在口琴横丁体验小众居酒屋

第3天（4月17日）：东京隐藏景点和文化体验

上午：访问下北泽、豪德寺等人少景点

下午：千鸟渊樱花泛舟（可在此求婚）

晚上：参观东京塔或漫步欣赏城市夜景

第4天（4月18日）：前往京都

乘新干线前往京都，下午参观伏见稻荷大社后前往东山区游览，晚上在先斗町小巷用餐

第5天（4月19日）：京都文化体验

上午参加茶道、禅修课程，下午体验剑道、参观金阁寺

晚上可在丸山公园赏夜樱时求婚

第6天（4月20日）：奈良一日游

前往奈良公园看鹿群，参观东大寺、春日大社

晚上返回京都，前往祇园游览

第7天（4月21日）：京都岚山游览

上午在岚山竹林、天龙寺游览，下午体验保津川游船（可在船上求婚）

晚间回京都市区享用高档晚餐

……

Manus对每一天都做了详细安排，制定了主要景点和活动计划，并特意给出多处求婚备选地点，供用户灵活选择。

4.3 安排交通与住宿

有了大致的行程框架后，接下来要解决的是如何在实际旅行中落地，这包括交通（机票、火车、长途巴士等）和住宿预订等关键环节。Manus可以协助我们完成这些工作，如图4-4所示。

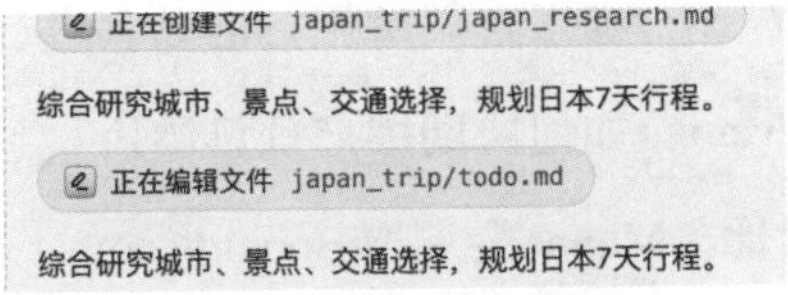

> 正在创建文件 japan_trip/japan_research.md
> 综合研究城市、景点、交通选择，规划日本7天行程。
> 正在编辑文件 japan_trip/todo.md
> 综合研究城市、景点、交通选择，规划日本7天行程。

图4-4 Manus思考截图

◎ **机票比价与预订**：对于从海外到日本的游客，Manus会查询多家机票比价网站（SkyScanner、Google Flights、Expedia等）的报价，并给出多条航线对比，包括直飞或中转、航空公司服务、行李政策等。目前Manus还无法直接帮助我们付款订票，但会告诉我们哪个平台当前票价更优惠，或在哪些网站可领取优惠券。

◎ **日本国内交通规划**：对于计划在日本长途旅行的用户而言，日本

铁路通票（JR Pass）是省钱利器。Manus会根据行程天数和城市间距离分析是否值得购买JR Pass，如图4-5所示；在城市内旅行时，使用Suica、PASMO、ICOCA（IC）卡等支付车费更为便捷。Manus会在行程建议中注明"考虑购买IC卡（Suica/PASMO）用于城市的本地交通"。

交通须知

- 4月17日（第3天）激活7天JR Pass
- 前两天使用东京当地的交通工具
- JR Pass 涵盖：
  - 东京至京都新干线
  - 京都至奈良往返
  - 京都至东京往返旅程
- 考虑购买IC卡（Suica/PASMO）用于城市的本地交通

图4-5　Manus给出的交通规划

对于倾向乘坐巴士的用户，Manus会评估路线的距离与费用，对比JR新干线和巴士的费用，从而告诉我们哪种交通方式更划算。对于选择自驾游的用户，Manus还会贴心地提醒一些重要的细节，如当地的交通规则、高速公路的费用及停车费等，确保自驾游旅行的顺利进行。

接下来我们看看Manus如何协助用户预订酒店。

◎ **信息搜集和对比**：Manus会调取Booking.com、Agoda、Airbnb等旅行平台的评价和价格等数据，结合用户的住宿偏好（和风旅馆、商务酒店、青旅、民宿等）做多维度对比，为用户推荐性价比较高、地理位置较便利的酒店。

如果行程涉及多个城市（东京、京都、奈良等），Manus建议在主要城市分别预订住宿，以减少每天往返的时间。

◎ **住宿预订注意事项**：Manus会提醒我们注意事项，具体如下。

①看清入住时间（日本酒店通常下午3点后才能入住）。

②是否需要预先付费或用信用卡担保。

③是否含早餐，是否支持免费取消预订。

④对于特殊需求（如求婚），Manus会特别推荐一些独具特色的温泉旅馆或特色民宿，提升浪漫氛围。

在旅行规划中，Manus不仅能规划每日活动，还会贴心地提示一些实用信息，如"在机场JR办公室兑换JR Pass凭证"，以及建议用户到达后先适应时差、熟悉周边交通。尽管并未贴出详细的机票预订过程，但若用户提出具体需求，如"帮我看看从西雅图到东京的机票哪个时段最划算"，Manus也能做进一步的比价分析。

4.4 优化预算与时间安排

除了安排行程和住宿，优秀的旅行规划还要充分考虑预算与时间。不少游客在旅途中会花费过多时间"走回头路"或因搞不清方向而迷路，也有人因为预算控制不佳导致无法获得理想体验。Manus在这些方面能为用户提供全方位的辅助。

我们先来看看Manus的预算分配策略。任务指令明确提出，预算为2500～5000美元，Manus会先预估机票、住宿、餐饮、景点门票的整体花费，再留出部分机动资金给购物或应对突发情况。

假如用户希望尽可能降低花费，Manus也可以推荐青年旅馆或商务酒店、出行乘坐夜间巴士、寻找高性价比的街边小吃等方案；若用户希望适度享受，Manus会保留更高品质的住宿或特色体验，但也会提示哪里可以利用通票或团体折扣。

Manus 还可以按照日程列出"每日预计花费",让用户更清楚地了解钱花在哪些地方,避免过度消费。

关于时间规划,Manus 会通过地图查看各景点的地理分布,尽量把邻近景点放在同一天,减少无谓的交通往返。例如,它将京都的伏见稻荷大社和东山区放在同一日游览,奈良单独安排一天,因为来回路程加上景点游玩,时间已经较为紧凑。

高效旅行固然好,但过度赶行程会导致旅行者十分疲惫,所以 Manus 在规划时,每日会留出足够的午餐、休息或自由活动时间。如果用户指定要深度体验某个项目(如茶道或剑道),Manus 会计算活动时长并相应缩减其他行程的时间安排。

对于具有连续使用天数限制的 JR Pass,Manus 会提醒用户在跨城移动最频繁的那几天激活,以最大化节省交通支出。

另外,因为此次日本旅行中有一个特殊需求是求婚,Manus 会关注樱花开放时间(通常为 3 月下旬到 4 月上旬,具体因地而异),并安排在对应日期去最佳观赏地,同时留出足够的时间供用户做好求婚准备,以免行程过于紧凑影响求婚效果。

4.5 生成综合旅行手册

Manus 不仅能生成纯文本的行程规划,还能输出综合旅行手册,这是一项非常实用的功能,方便用户在旅行途中随时查阅景点信息、交通路线等。在本示例中,Manus 最终输出了一个 HTML 旅行手册,其部分截图如图 4-6 所示。

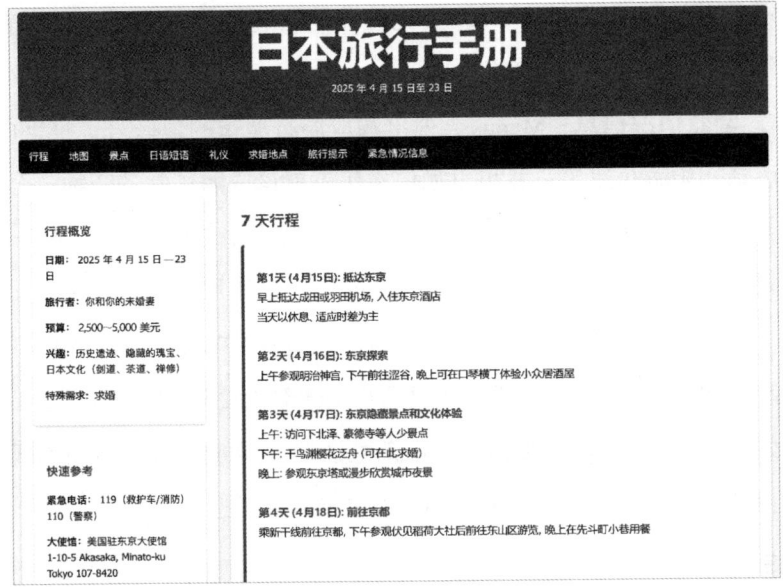

图 4-6　Manus 输出的旅行手册

Manus 生成的旅行手册大概包含如下几个部分。

◎ **标题**：日本旅行手册。

◎ **快速导航链接**：行程、地图、景点、日语短语、礼仪、求婚地点、旅行提示、紧急情况信息。

◎ **行程**：前文展示的具体行程规划。

◎ **地图与景点**：通过嵌入简易地图来标记东京、京都、奈良及各个景点的位置，每个景点都有简短的特色介绍、建议游玩时长等信息。

◎ **日语短语**：常用打招呼用语、餐饮用语、求助用语、问路用语等；并且还会附上罗马音与简单解释，让初学者更容易掌握，如こんにちは（Konnichiwa）、ありがとう（Arigatou）等。

◎ **礼仪**：日本人非常注重礼貌和仪式感，因此 Manus 会提醒用户一些基本礼仪，如在开始用餐前说いただきます（意思是"我开动了/我开始吃

了"），切勿将筷子垂直插入米饭（此为葬礼仪式）、不要用筷子传递食物、不要用筷子指指点点或挥舞筷子等。

◎ **紧急情况信息**：Manus 会列出相应旅行城市的地区号、报警电话、急救电话、旅游热线等；并指出如何在医院就诊或购买常备药物；会提醒用户关注天气状况、地震或台风预警，并保留海外紧急联络方式。

除了上述内容，用户也可以让 Manus 在手册里加入更多模块，如餐厅推荐、购物清单、特色温泉体验等。由于手册是 HTML 网页，我们可在手机或计算机浏览器中离线查看，还可同步到云端或发送给同行伙伴。

如果旅途临时变更（如因天气取消某活动），可让 Manus 重新生成一份"修订版"手册并下载，也可在出行前多准备几套备选方案。

4.6 长期旅行规划

在前几个小节中，我们已见识到 Manus 在短期行程规划、酒店预订建议、机票比较等方面的强大作用。面对复杂的多国或跨洲旅行方案，尤其是长达数周乃至数月的行程安排时，我们常常需要花费大量时间查找资料、反复核对交通与签证、住宿与预算等细节。Manus 能很好地应对这种烦琐的任务，本节将结合具体案例，展示 Manus 如何帮助我们规划长达两个月、跨越多个洲的家庭旅行，并生成详细的旅行手册。

发送任务指令："帮我规划一下暑假期间（7—9月初）为期两个多月的家庭旅行，一共三人，第一个月在澳大利亚，第二个月前往新西兰、阿根廷及南美洲其他地区，以及南极洲。生成的规划中要包括行程安排、住宿建议、预算估计和餐饮指南，最后生成一份详细的旅行手册。"

从这段任务指令中，Manus 需要提取以下关键要点。

◎ **时间**：7—9月初。
◎ **人数**：三人。
◎ **目的地**：澳大利亚（1个月），随后前往新西兰、阿根廷及南美洲其他地区，最后前往南极洲。
◎ **需求**：每地行程安排（景点、活动），给出住宿建议、预算估计、餐饮指南，生成完整的旅行手册。

Manus 的处理流程如下。

◎ **获取需求**：提炼任务指令中的核心需求。
◎ **拆解任务**：先按照目的地与旅行时间生成调研清单。
◎ **资料检索**：分析澳大利亚7月份的冬季活动、新西兰8月份的特色活动、阿根廷及南美洲适合家庭旅行的地点、南极洲9月份是否适合旅行。
◎ **得到关键信息**：9月份南极洲并非常规旅游季，探险游轮极其有限。
◎ **规划行程**：根据季节、地理位置、签证与交通情况等生成具体旅行安排。
◎ **住宿建议**：分别推荐豪华、中端、经济三种级别的住宿选项，并计算每种选项的大致花费。
◎ **餐饮指南**：分别列出澳大利亚、新西兰、阿根廷等国家的地方美食与家庭友好型餐厅。
◎ **手册生成**：生成一个带索引、章节清晰的旅行手册，供用户出行时参考。

为了让读者更直观地看出 Manus 规划复杂行程的过程，特截取部分关键日志内容，如图4-7所示。

图 4-7 Manus 日志

Manus 的功能十分强大，生成的旅行手册也十分详细，篇幅长达十几页，下面我们展示其生成的旅行手册的部分内容，如图 4-8 所示。

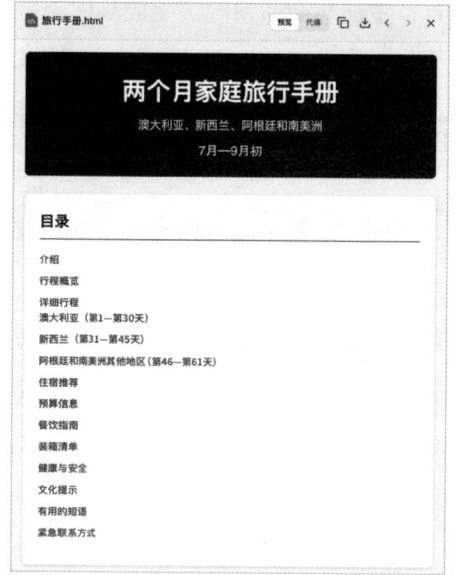

图 4-8 Manus 生成的家庭旅行手册

通过这一案例可以看出,Manus在处理跨越多国、时长达数周乃至数月的行程时,能够自动调度外部信息源,对季节特征、活动安排、预算与日程安排进行整合,最终生成完整且可执行的旅行手册,这不仅节省了大量人工查找与对比数据的时间成本,更有效避免了用户在复杂行程规划中被烦琐环节所困扰。

Manus生成的家庭旅行手册的部分内容截取如下,读者若感兴趣,可以核查其内容是否足够准确。

整体安排如下。

> 旅行日期:7—9月初(约61天)
>
> 计划出行人数:3人家庭
>
> 计划目的地:澳大利亚→新西兰→阿根廷&南美洲其他地区→南极洲(备选)/巴塔哥尼亚(延伸)
>
> 行程规划:
>
> 澳大利亚(30天)
>
> 新西兰(15天)
>
> 阿根廷及南美洲其他地区(16天)
>
> 南极洲9月份非旅游季,提供替代方案(火地岛、智利百内国家公园)
>
> 旅行建议:
>
> 澳大利亚与新西兰正值冬季,应准备保暖衣物
>
> 南美洲纬度跨度较大,分段气候有所差异,巴塔哥尼亚也较寒冷,特别是8—9月
>
> 如要尝试南极洲极地航线,行李需符合极地探险防寒标准

行程细化如下。

澳大利亚（第1～第30天）

凯恩斯 & 大堡礁（第1～第6天）

活动：大堡礁一日游、热带雨林缆车、观光潜水

住宿：

豪华：Shangri-La Hotel The Marina, Cairns

中端：Novotel Cairns Oasis Resort

经济：Gilligan's Backpackers Hotel&Resort（有家庭房）

注意：凯恩斯冬季气候宜人，人流量少，可提前预订浮潜/出海票

达尔文 & 卡卡杜国家公园（第7～第10天）

活动：原住民文化体验、湿地巡游、观赏鳄鱼

交通：凯恩斯乘坐飞机前往达尔文（约2小时），自驾或跟团前往卡卡杜

乌鲁鲁-卡塔丘塔国家公园 & 爱丽斯泉（第11～第15天）

活动：公园看日出日落、参观原住民文化中心

住宿：Ayers Rock Resort（多种房型可选）

注意：昼夜温差极大，秋冬季注意保暖

墨尔本（第16～第22天）

活动：参观十二使徒岩、洛恩小镇，于涂鸦巷、维多利亚市场漫步，体验咖啡文化

住宿：

豪华：Crown Towers

中端：Adina Apartment Hotel Melbourne

经济：Ibis Melbourne Central

塔斯马尼亚（第23～第30天）

活动：于霍巴特、朗塞斯顿等城市漫步，前往摇篮山、酒杯湾游览

交通：从霍巴特前往新西兰奥克兰（第30天）

新西兰（第31～第45天）

北岛（第31～第36天）

活动：参观奥克兰的天空塔、怀托摩萤火虫洞，罗托鲁瓦的地热公园、毛利文化村，以及惠灵顿的新西兰蒂帕帕国家博物馆并体验当地咖啡文化

南岛（第37～第45天）

活动：前往凯库拉观鲸、海钓

交通：从基督城出发，乘坐TranzAlpine火车前往格雷茅斯，最终抵达皇后镇

活动：在皇后镇滑雪（视天气情况）、前往米尔福德峡湾观光游船

按照皇后镇—奥克兰—布宜诺斯艾利斯的路线飞往阿根廷

南美洲（第46～第61天）

布宜诺斯艾利斯（第46～第48天）

活动：探戈文化之旅、雷科莱塔国家公墓、圣特尔莫周日集市

餐饮：牛排、红酒、Empanadas（肉馅饼）

伊瓜苏瀑布（第49～第50天）

活动：游览阿根廷与巴西边界的世界最宽大瀑布，感受壮阔水势

住宿：Gran Melia Iguazu（豪华）/Loi Suites Iguazu Hotel（中端）

门多萨（第51～第53天）

活动：参观葡萄酒庄园、安第斯山脉下骑马

> 注意：未成年及不可饮酒者可体验果汁或奶酪搭配
>
> 巴里洛切风景区/巴塔哥尼亚（第54～第57天）
>
> 活动：体验安第斯山滑雪、小镇巧克力店
>
> 注意：适当查看天气，冬末初春时仍较寒冷
>
> 火地岛（第58～第61天）
>
> 前往世界最南端的城市乌斯怀亚、火地岛国家公园一日游

南极洲替代方案如下。

> 原计划9月份探访南极洲，但商业游轮多在11月至次年3月间运营。9月份极地气候严酷，通常无旅行社接受普通游客登岸或航行。故本手册提供如下替代行程。
>
> 在火地岛多停留，深入游览比格尔海峡、参观企鹅栖息地；或往智利百内国家公园观赏冰川与奇峰异景。可先预订明年南极洲航程。

预算估计如表4-1所示。

表4-1　多档预算对照

档次	总计	人均	说明
经济	$45900	$15300	住宿多选中端酒店或民宿，谨慎安排高端餐饮与高价活动
中端	$63200	$21067	选取度假酒店或中档酒店，稍多付费活动
豪华	$101000	$33667	顶级酒店、包车与VIP游览，定制行程

主要花费如下。

> 国际航班：往返+区域段 $6000～$10000（视舱位）
>
> 住宿：每天人均 $30～$300
>
> 交通：澳新内陆机票、南美境内机票、车船费合计 $5000～$7000

餐饮：一家三口，每日$80～$150（中端档）

活动门票：大堡礁潜水/极地项目/冰川徒步等平均$50～$300/人次

其他：签证费、旅行保险约$1000（全程）

各地美食推荐如下。

澳大利亚

北部海鲜：凯恩斯/达尔文海鲜丰盛，推荐在海港边找家庭餐厅

内陆牛肉：乌鲁鲁周边可尝试牛排、丛林风味美食 Bush Tucker

咖啡文化：墨尔本咖啡，选择适合亲子体验的咖啡馆

甜点：帕夫洛娃蛋糕、拉明顿蛋糕

新西兰

毛利风味美食：Hangi（地热炊法烹饪的美食）、Kumara（烤红薯）

怀托摩萤火虫洞周边餐厅：可体验乡村餐厅，注意其营业时间较短

皇后镇美食：世界闻名的汉堡店Fergburger、米尔福德峡湾的特色海鲜

南美洲

牛排：布宜诺斯艾利斯的各种烤肉店，注意，此地晚餐时间较晚

马黛茶：南美洲的特色茶饮，但孩子不适合饮用

阿根廷/巴西当地烤肉与木薯粉小吃

甜点Dulce de Leche：适合小朋友当早餐或零食，含糖量较高，不可食用过多

对于需要规划跨区域旅行的用户，无论是独自旅行、家庭度假还是团体出游，都可参考本章案例，让Manus给出相应的旅行方案。若对某目的

地更感兴趣，或预算较紧张需要先砍掉某项活动等，也可以让Manus随时迭代，享受无缝衔接的智能旅行规划体验。

4.7 本章小结

在本章中，我们探讨了Manus在旅行规划的各个环节所发挥的强大作用。从初始需求描述到生成行程初稿，再到生成最终的旅行手册，大部分工作都能在云端自动完成。

随着Manus不断迭代，未来它将逐渐增加更多实用功能，如直接完成机票和酒店预订、自动生成电子行程单、接入多语种语音导游系统等。对于没有太多旅行经验的旅行爱好者而言，有了Manus，不仅能极大地提升旅行规划效率，而且能将精力聚焦于旅行本身，而非消耗于烦琐的跨语言信息检索。

第5章 教育内容创作

对于很多一线教师来说,备课、授课和课后辅导是复杂又琐碎的工作,既要查找资料,又要设计和制作各类教学课件,还要编写练习题和批改作业,往往需要花费大量时间与精力。而教学质量的提升,不仅依赖教师专业素养的积累,而且离不开教学工具的完善与进步。

Manus在教育场景可以大显身手。它能帮助教师快速生成教学素材、互动动画、课后练习题等,实现"备课—授课—复习"全链路智能化辅助,最大限度地减轻教师在重复性事务上的负担,使他们能将更多精力放在教学设计与学生个性化辅导上。本章以辅助教师制作动量守恒定律教学演示动画为例,讲解Manus在教育内容创作中的价值与具体操作方法。

5.1 Manus 在教育内容创作中的应用

在传统教学中,准备一堂中学物理课往往需要教师投入大量时间和精力,主要工作如下。

◎ **查找资料和备课:** 教师需要从纸质教材和网络资源中搜集知识点、教学案例及演示素材。

◎ **制作演示文稿和教具:** 对搜集到的资料进行分析整理,形成文字讲义和PPT,同时准备实验仪器、示范视频。

◎ **课后练习与检测:** 设计课后练习题并提供答案,为学生提供针对性的课后练习。

制作高质量的多媒体教学素材是一项复杂而又耗时的任务,既要确保其科学严谨,又要兼顾学生的理解水平和兴趣。对许多教师而言,这部分工作相当繁重,需要大量时间和精力的投入。Manus的引入,能在以下方面为教师赋能。

◎ **自动搜集与整合资料:** 在物理教学领域,Manus可自动抓取权威物理教学资源(如大学公开课等),检索动量守恒定律的定义、示例、图示等信息并构建结构化的教学素材库。

◎ **抽象概念的可视化:** 借助HTML、WebGL等技术生成交互动画,帮助学生更好地理解抽象概念。

◎ **多轮迭代与改进:** Manus能够根据教师的反馈或学生的课堂表现快速增删或优化教学素材,实现动态调整。

◎ **跨平台部署:** 无论是计算机还是平板、手机,Manus生成的素材都可以方便地查看或展示。

这种集"智能内容聚合–动态可视化–教学闭环优化"于一体的AI辅助模式，使教师得以将核心精力投入教学方法创新，而非重复性教学素材的生产。

5.2 使用 Manus 生成教学演示动画

Manus在教育领域的应用可以概括为如下5个主要步骤。

◎ **明确教学目标**：在任务指令中，教师要详细说明课程主题、教学目标及学生学龄段（如初中或高中）。

◎ **撰写任务指令**：任务指令要清晰表达需求，如"为动量守恒定律制作演示动画，并将最终结果整合成一个HTML网页"。

◎ **自动生成内容**：Manus会根据需求自动进行资料搜集、脚本编写、HTML集成等操作。

◎ **结果检查与修订**：教师可以随时查看Manus生成的动画或文稿草稿，若有不当之处，可让Manus调整或补充更多内容。

◎ **部署与使用**：如果生成的结果可以满足教学需求，可将Manus提供的最终文件下载下来，部署到课堂计算机或相关学习管理平台上，以便教学时使用。

接下来以动量守恒定律教学演示动画的生成为例，展示Manus的实际操作流程。

◎ **发送任务指令**："我是中学物理老师，准备讲授动量守恒定律这一知识点，帮我创建一个详细易懂的演示动画，并以HTML网页形式输出。"

◎ **Manus拆解具体需求**：制作动量守恒定律相关动画，包括基础碰撞、弹性碰撞、非弹性碰撞、爆炸、实际应用场景5个部分，将生成的动画整合到一个可交互的HTML网页中，方便在课堂上使用。

◎ **列出需要完成的子任务**：Manus通过内部工作流生成一个todo.md文件，列出需要完成的子任务，具体如下。

> 分析动量守恒定律的核心概念和教学重难点
> 设计演示动画脚本（基础碰撞、弹性碰撞、非弹性碰撞、爆炸、实际应用）
> 生成并运行JavaScript/HTML/CSS代码生成交互式动画
> 将动画集成到一个完整的HTML网页中
> 测试功能并进行必要的修订

Manus通过调用搜索引擎和知识库，对动量守恒定律相关的知识点进行汇总，包括常见的碰撞示例、动量守恒公式、典型演示实验等，思考如何以直观的方式演示动量守恒现象。

在制作动画时，Manus会为每个子动画设计交互示例，如弹性碰撞演示：两个球以不同速度碰撞后分别弹开，动量及动能的变化通过可视化方式呈现。在此基础上，Manus会详细规划动画的每个环节，确保动画能够清晰地展示关键物理现象。随后，Manus会自动调用其内置的编码代理生成并运行JavaScript代码，绘制简单的动画元素（如小球、轨道等），同时编写HTML+CSS代码，为每个实验场景添加交互控件，如"设置小球质量""设置初速度"等，这些交互控件可以让学生在观看动画时进行实时操作，从而增强学习的趣味性。Manus编写的代码如图5-1所示。

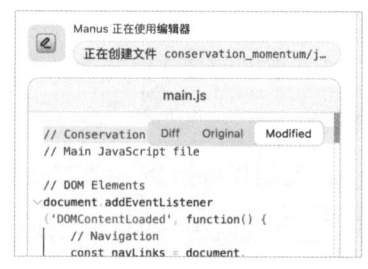

图5-1 Manus编写的代码

动画制作完成后,Manus会生成一个多页面的HTML网页,分章节展示动量守恒定律的知识介绍和各实验场景,单击不同标签(如"基础碰撞演示""爆炸示例")可切换到对应动画。

生成HTML文件后Manus不会立即将其输出,而是在虚拟浏览器中先打开HTML网页,测试其中的动画交互是否流畅、页面在不同设备上是否兼容等,如果发现交互不畅,Manus会自动修改代码并重新测试,直至获得预期效果。

待Manus确认生成的HTML网页准确无误后,会提供一个ZIP文件,如图5-2所示,其中包含所有代码及演示所需的图像等资源。

在这个案例中,Manus还把最终文件部署到https://iciwktuq.manus.space这样的公共URL中,如图5-3所示,教师或学生无须额外安装任何软件,单击访问链接即可查看并操作动画。

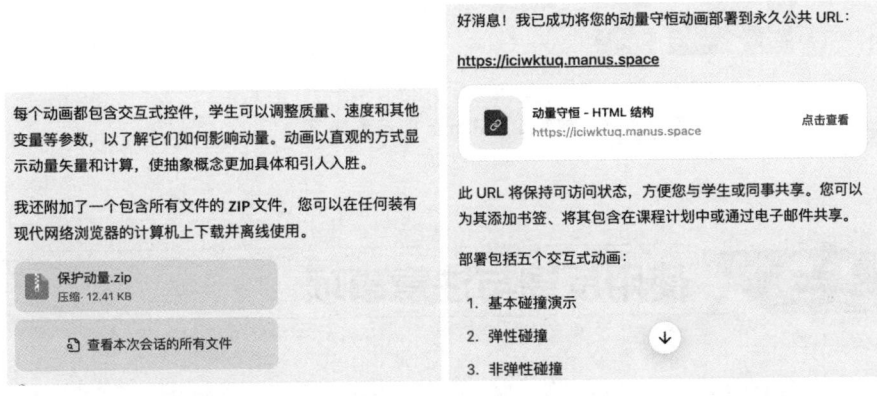

图 5-2 Manus 提供的 ZIP 文件　　图 5-3 Manus 提供的公共 URL

单击链接后可以看到最终呈现的效果是一个交互式网页,学生可在碰撞模拟中拖动滑块来改变小球质量和初速度,实时观察碰撞后的动量变化,让抽象概念变得可视、可操作,如图5-4所示。

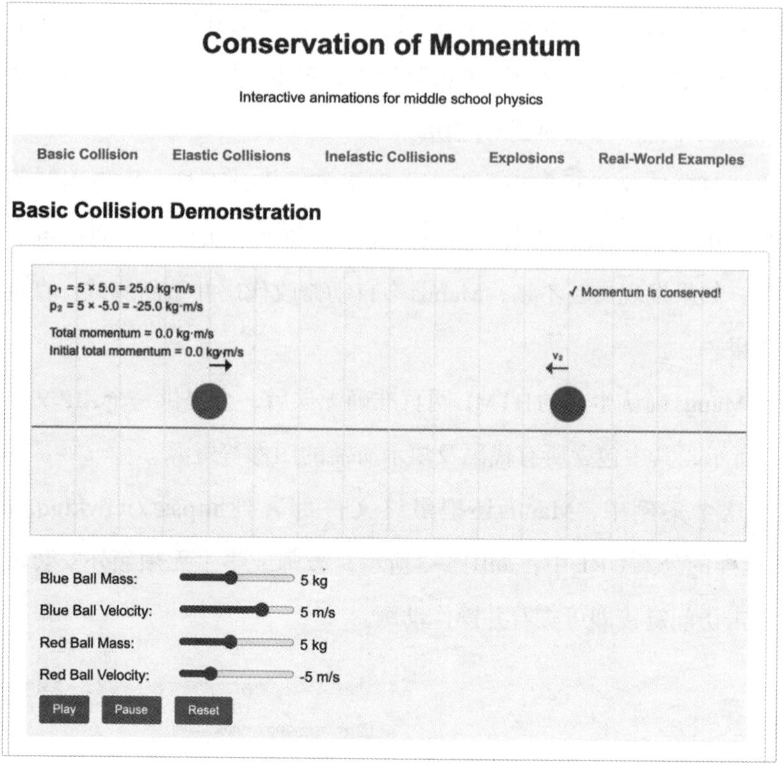

图 5-4 Manus 交互式网页

5.3 使用反馈与注意事项

在此案例中,Manus生成的最终结果的优点与注意事项如下。

◎ 在动画中可自主调整质量、速度、碰撞类型等参数,可以加深学生对动量守恒定律的理解。

◎ 除了动量守恒演示动画,教师还可以让Manus生成更丰富的教学资源,如课后练习题、实用案例拓展、教学PPT等。

◎ 由于 Manus 仍在内测阶段，所以偶尔会出现任务执行中断或工具调用失败等情况，需要进行多次尝试。

◎ 虽然 Manus 自身有较完备的知识库和检验机制，但教师仍需进行细致的审阅，以确保所有理论讲解和数值计算都准确无误。

◎ Manus 生成的 HTML 网页对主流浏览器具有较好的兼容性，但在某些老旧设备或较早版本的浏览器上无法流畅运行。若出现运行不畅的情况，可更换设备或浏览器重试。

5.4 Manus 应用进阶

基于核心教学场景，Manus 可实现以下进阶应用。

◎ **自动生成教学 PPT**：Manus 可根据课程大纲生成符合教学进度的 PPT 框架，智能标注知识图谱中的重难点知识，支持一键插入交互式动画组件。

◎ **批量生成练习题并给出答案**：Manus 可以为不同学习水平的学生生成针对性练习题，并自动提供标准答案与思路解析。

◎ **生成视频脚本与配音**：部分教师偏爱视频教学，可让 Manus 先设计课程脚本，再生成讲解文案乃至合成语音，生成一个完整的教学视频。

◎ **组合更多仿真场景**：可尝试让 Manus 针对光学、电学或热学等知识点生成交互式动画，让学生在虚拟实验室中学习相关知识。

◎ **跨学科融合**：针对 STEM 教育或跨学科项目（如物理+编程+艺术），可以让 Manus 结合实际生活或具体项目，生成综合活动方案，鼓励学生亲手搭建实验装置或编写更复杂的仿真实验，从而提升学生的综合能力。

5.5 本章小结

在"教育内容创作"这一应用场景,Manus 展现出了强大的资料整合、工具调用和自主编程能力,为教师提供了全新的教学辅助范式,可大幅缩短教师在课件制作、资料检索和习题编写等环节的时间投入,使他们能够更专注于个性化教学设计及与学生的互动。

Manus 为教育领域带来了一股新风,特别是在物理、化学、生物等理科教学场景中,可交互的演示动画和多重工具调用技术正不断提升课堂的趣味性。同时,教师作为学生学习的核心引导者,要充分了解 Manus 的工作原理与局限性,灵活掌控自动内容生成与传统教学安排之间的平衡,才能让学生在 AI 时代获得更高效、个性化的学习体验。

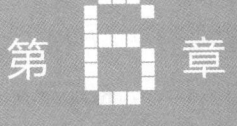

第 6 章 股票分析

这一章我们介绍 Manus 在股票分析中的应用。股票分析是一个高度综合的场景，不但需要掌握基本面信息（如财务数据、公司概况、行业比较、估值模型）和技术面信息（如价格趋势、技术指标、阻力位与支撑位），而且也需要关注市场情绪、新闻舆情及竞争格局。

本案例中，我们将以特斯拉公司为研究对象，模拟一个投资研究员对其股票（NASDAQ: TSLA）进行分析。

6.1 需求与目标设定

在股票投资领域,不同的人对研究的深度与广度有不同需求:有些人只需要简要的公司信息和价格趋势即可做出判断,有些人则需要一份覆盖公司概况、关键财务指标、估值模型、行业竞争格局的全景式报告,搭配图表演示作为决策参考。本案例参考后者的决策需要,力求呈现如下内容。

◎ **摘要**:概述特斯拉的核心竞争力、关键财务指标(如营业收入增长率、自由现金流)、当前估值水平,并基于对这些内容的综合分析提出差异化投资建议。

◎ **财务数据**:对特斯拉的收入(Revenue)趋势、利润率、资产负债表、现金流等关键财务数据进行详细分析,分析结果以图表形式呈现。

◎ **市场情绪**:通过分析师评级、新闻舆情、社交媒体反馈、机构买卖动向等,判断市场对特斯拉的整体情绪。

◎ **技术面分析**:分析特斯拉股票的价格趋势、成交量、相关技术指标[如均线、相对强弱指标(RSI)、移动平均收敛散度(MACD)]和关键支撑位与阻力位等信息。

◎ **竞争格局**:对比特斯拉与主要竞争对手(传统车企及其他新兴电动车企)的市场份额、财务指标和市值水平。

◎ **价值评估**:通过DCF(现金流折现估值模型)等估值模型来估算特斯拉的内在价值,并评估不同情景下的价格区间。

◎ **投资论点**:基于SWOT分析法等方法,为不同类型投资者(成长型、价值型、投机型等)提供针对性建议,并给出投资结论。

上述分析过程在现实中通常需要由一个投研团队分工完成,而借助Manus,一个人就能实现全流程的"一站式"操作。

向Manus发送如下指令。

> 我想对特斯拉股票进行全面分析，包括如下内容。
> 摘要：公司概况、关键财务指标、业绩数据和投资建议
> 财务数据：收入趋势、利润率、资产负债表和现金流分析
> 市场情绪：分析师见解、新闻舆情等
> 技术分析：价格趋势、技术指标和支撑/阻力位比较
> 竞争格局：主要竞争对手的市场份额和财务指标市值水平
> 投资论点1：内在价值、增长潜力和风险因素
> 投资论点2：针对不同投资者的SWOT分析和建议

Manus会自动解析指令并规划任务，生成一个初步的计划清单，如图6-1所示。

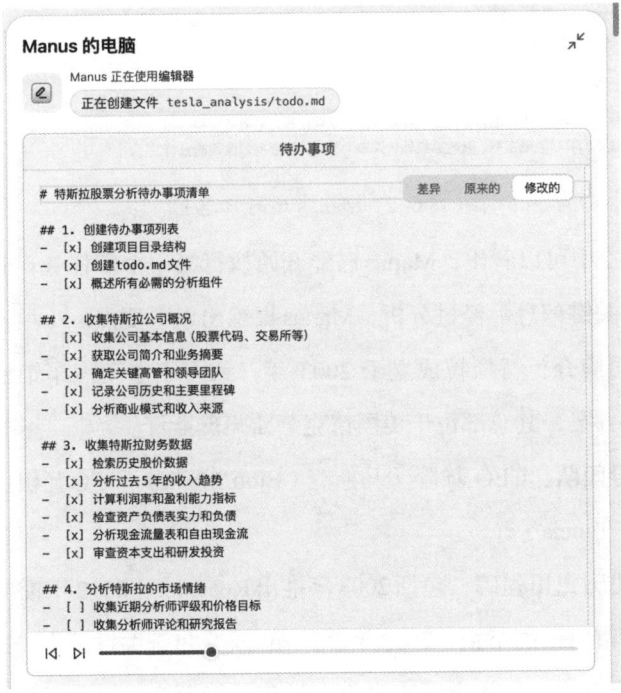

图6-1　Manus生成初步计划清单

6.2 数据采集与信息整合

从Manus的运行日志可以看出,它在接收到指令后,会迅速进入任务识别与执行阶段,自动生成针对特斯拉的完整分析规划,如图6-2所示。

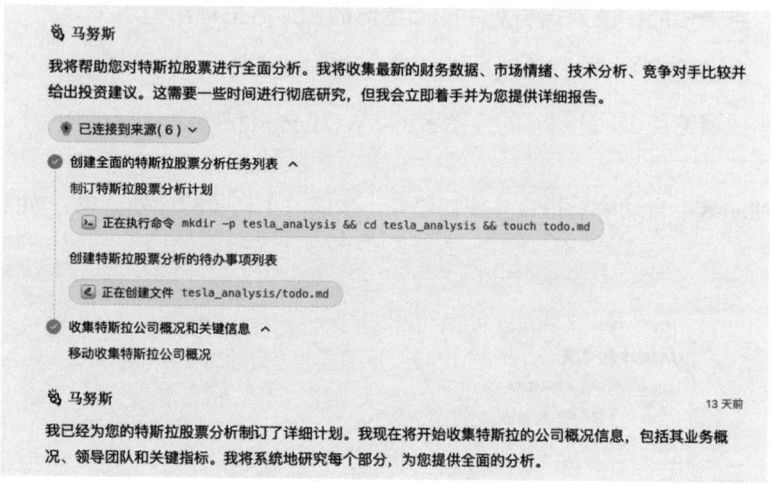

图6-2 Manus运行日志1

从图6-2中可以看出,Manus已经开始执行第一个子任务:收集特斯拉公司的各种关键信息。经过分析,Manus提炼出以下要点。

◎ **公司简介:** 特斯拉成立于2003年,致力于电动汽车销售和提供清洁能源解决方案,其总部位于美国德克萨斯州奥斯汀。

◎ **领导团队:** CEO埃隆·马斯克(Elon Musk)、CFO瓦伊巴夫·塔尼亚(Vaibhav Taneja)等。

◎ **公司历史里程碑:** 包括2008年推出Roadster、2012年推出Model S、2020年成为市值最高车企、2023年Cybertruck交付等关键节点。

◎ **商业模式:** 收入主要来自汽车销售、能源产品(太阳能、储能)销售等,特斯拉具有独特的直销模式和快速迭代更新空中下载技术(OTA)软件的能力。

Manus将这些信息整合为文字简介,可配合关键指标,如员工人数、市值、行业分类等,使后续分析更加精准。

整合公司信息之后,Manus会自动进入下一步:收集特斯拉的财务数据,日志如图6-3所示。

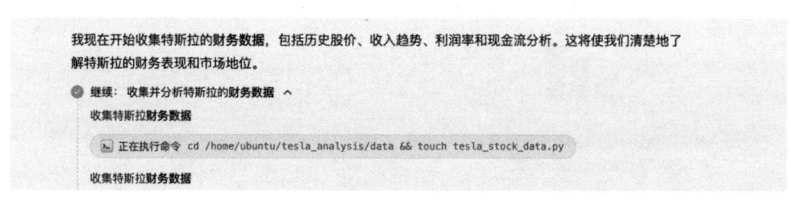

图6-3　Manus运行日志2

在此过程中,Manus会调用编码代理编写Python脚本,并通过金融数据接口进行数据抓取与解析,具体如下。

◎ **历史股价:** 从雅虎财经、NASDAQ(纳斯达克)等数据源抓取过去若干年(如5年)的收盘价、成交量等数据。

◎ **财报摘要:** 包括最近3~5年的年度或季度收入(Revenue)、毛利率(Gross Margin)、营业利润率(Operating Margin)、净利润率(Net Profit Margin)等关键指标。

◎ **资产负债表:** 包括总资产(Total Assets)、总负债(Total Liabilities)、股东权益(Shareholder's Equity)等。

◎ **现金流:** 关注运营现金流、投资现金流、融资现金流及自由现金流。

Manus会在云端沙盒环境中执行一系列操作,如访问数据源、下载CSV和JSON格式的文件及直接从网页抓取数据并进行初步清洗,使其成为可用格式(如DataFrame)。在日志中,我们也可看到Manus自动生成的可视化结果,以便于后续分析处理和报告生成,如图6-4所示。

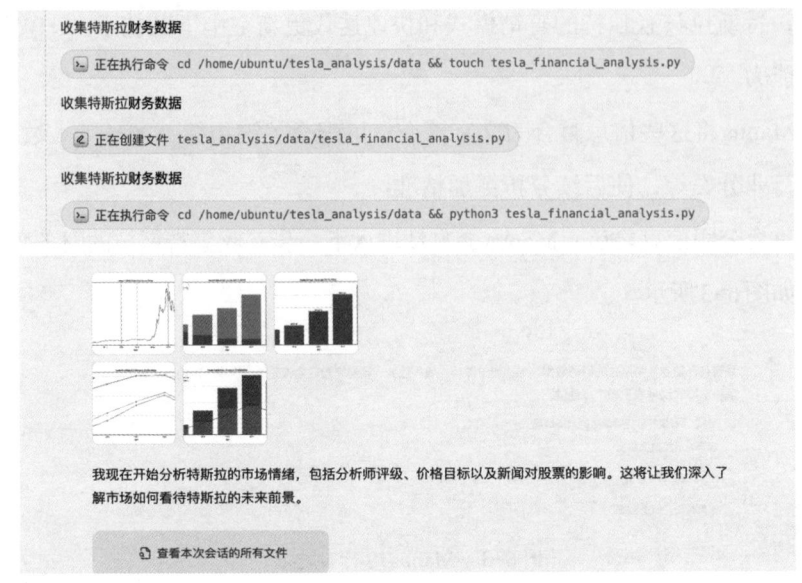

图6-4　Manus运行日志3

从图6-4可看出，获取财务数据后，Manus还会收集并分析市场情绪信息，这一过程涉及以下方面。

◎ **分析师见解：** 获取各大投行或研究机构对特斯拉的评级（买入、持有、卖出）、价格目标、技术展望及如何看待特斯拉的前景。

◎ **新闻影响：** 追踪近期重大新闻，如新车型发布、马斯克个人动向等对特斯拉股票价格的影响。

◎ **社交媒体舆情：** 调用Twitter数据接口或其他社交平台信息，分析投资者对特斯拉正负面情绪的比重。

◎ **SEC文件：** 通过收集美国证券交易委员会（SEC）文件，追踪特斯拉公司的重要交易。

◎ **机构持仓或基金动向：** 检查公开信息，了解主流投资机构是增持还是减持特斯拉股票。

Manus对上述信息的整理如图6-5所示。

第 6 章 股票分析

我已经完成了特斯拉的市场情绪分析。以下是我发现的情况:

1. 分析师见解:我从雅虎财经收集了分析师评级、价格目标和技术展望。数据包括短期、中期和长期技术预测,以及关键支撑位和阻力位。
2. 研究报告:我收集了最近的分析师研究报告及其标题、作者和主要发现,以了解专业分析师如何看待特斯拉的前景。
3. SEC 文件:我收集了最近的 SEC 文件,以追踪重要的公司披露和监管提交。
4. 社交媒体情绪:我分析了 Twitter 数据来衡量散户投资者对特斯拉股票的情绪,将推文分为正面、负面或中性。

图 6-5　Manus 运行日志 4

股票分析不仅需要基本面分析,还需要解读技术面分析中的指标,Manus 的优势在于能够自动调用工具生成各类图表,并提取关键指标数据,如价格水平、移动平均线、各种动量指标、布林线、成交量等,如图 6-6 所示。

我已经完成了特斯拉股票的技术面分析。以下是主要发现:

1. 价格水平:特斯拉目前的交易价为 284.65 美元,关键阻力位在 381.59 美元,关键支撑位在 175.79 美元、123.18 美元和 12.52 美元。
2. 移动平均线:我分析了 20 天、50 天和 200 天的简单移动平均线来确定整体趋势。
3. 动量指标:
   - RSI 为 59.31,表明动量中性(不超买或超卖)
   - MACD 位于信号线上方,表明看涨势头
4. 布林线:显示股票的波动通道和潜在的反转点。
5. 成交量分析:我检查了交易量模式以确认价格变动和趋势强度。
6. 技术展望:基于多项指标的分析,特斯拉目前呈现出看涨和看跌信号混合,价格走势高于一些关键移动平均线和积极的动量指标。

我制作了几张图表来直观地展示这些技术指标,并将它们附在本消息中。现在,我将把特斯拉与汽车和电动汽车领域的主要竞争对手进行比较,以了解特斯拉的市场地位和估值。

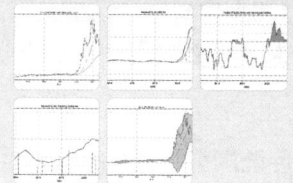

图 6-6　Manus 生成的技术面分析

股票分析不局限于分析目标公司的数据，还需与同行业其他企业做横向比较，以评估竞争优势和潜在风险。在电动汽车领域，特斯拉的主要竞争对手既包括传统汽车巨头（如丰田、大众、通用等），也包括新兴电动汽车企业（如蔚来、小鹏、理想、Rivian等）。在此分析过程中，Manus会同步抓取竞争对手的市值、营收、利润率、销量等关键指标，并对抓取到的信息进行处理，以与特斯拉进行比较，比较后的主要发现如图6-7所示。

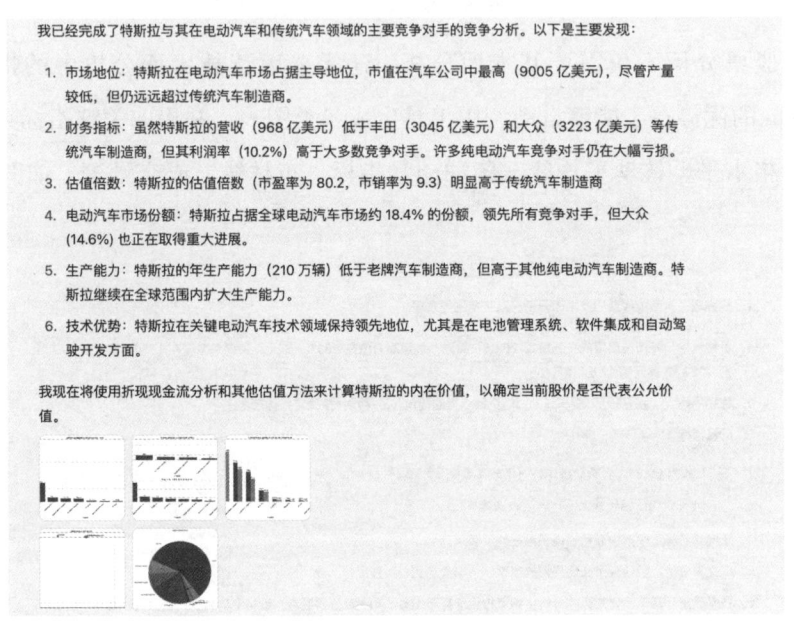

图6-7　Manus运行日志6

在这一阶段，我们重点关注Manus输出的如下信息。

◎ **财务指标对比**：特斯拉与丰田、大众及其他新兴电动汽车企业的营收和利润率比较。

◎ **估值倍数对比**：特斯拉的估值倍数与传统汽车制造商的差异。

◎ **电动汽车市场份额**：特斯拉在纯电动汽车市场的占有率。

◎ **生产能力及技术优势**：特斯拉的年生产能力与老牌汽车制造商尚有

差距，但高于其他纯电动汽车制造商。特斯拉的技术具有显著优势。

Manus输出的分析结果（其准确性需读者自行验证）显示，特斯拉的估值高于传统车企，反映出市场对其未来增长的高度预期。这些分析数据对后文介绍的价值评估和投资决策有重要的参考价值。

6.3 深度分析与估值模型

在财务研究中，DCF分析是评估公司内在价值的重要方法。Manus可以自主编写脚本，对特斯拉近期的内在价值进行分析，如图6-8所示。

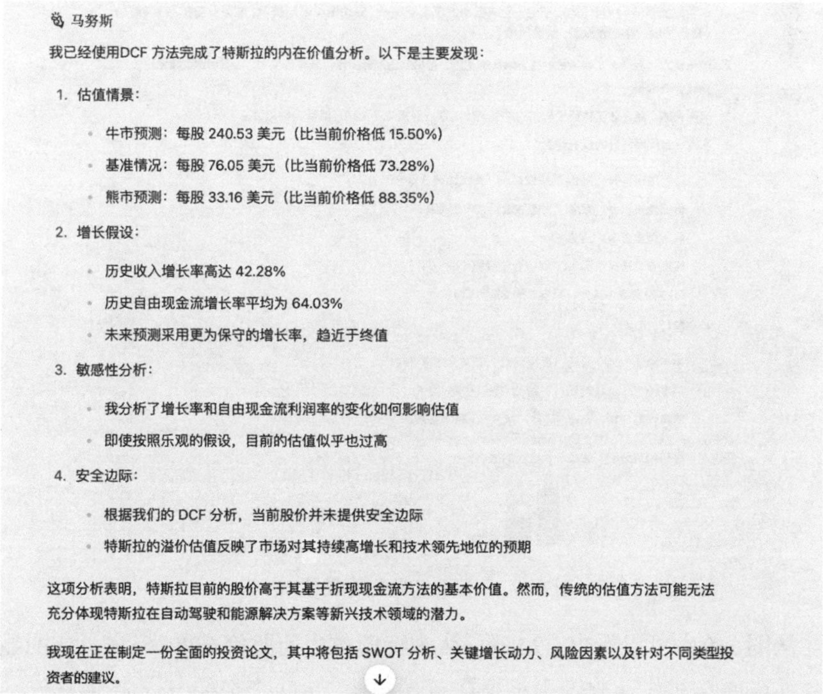

> 马努斯
> 我已经使用DCF方法完成了特斯拉的内在价值分析。以下是主要发现：
>
> 1. 估值情景：
>   - 牛市预测：每股240.53美元（比当前价格低15.50%）
>   - 基准情况：每股76.05美元（比当前价格低73.28%）
>   - 熊市预测：每股33.16美元（比当前价格低88.35%）
> 2. 增长假设：
>   - 历史收入增长率高达42.28%
>   - 历史自由现金流增长率平均为64.03%
>   - 未来预测采用更为保守的增长率，趋近于终值
> 3. 敏感性分析：
>   - 我分析了增长率和自由现金流利润率的变化如何影响估值
>   - 即使按照乐观的假设，目前的估值似乎也过高
> 4. 安全边际：
>   - 根据我们的DCF分析，当前股价并未提供安全边际
>   - 特斯拉的溢价估值反映了市场对其持续高增长和技术领先地位的预期
>
> 这项分析表明，特斯拉目前的股价高于其基于折现现金流方法的基本价值。然而，传统的估值方法可能无法充分体现特斯拉在自动驾驶和能源解决方案等新兴技术领域的潜力。
>
> 我现在正在制定一份全面的投资论文，其中将包括SWOT分析、关键增长动力、风险因素以及针对不同类型投资者的建议。

图6-8　Manus运行日志7

Manus会进行多情景分析，如乐观情景（Bull Case，也称牛市）、基础情景（Base Case，也称基准情况）、悲观情景（Bear Case，也称熊市），并基于不同的增长假设、加权平均资本成本（WACC）和永续增长率等参数，算出相应的股价区间，具体如下。

◎ **牛市预测：** 约240.53美元/股。

◎ **基准情况：** 约76.05美元/股。

◎ **熊市预测：** 约33.16美元/股。

更具体的说明如图6-9所示。

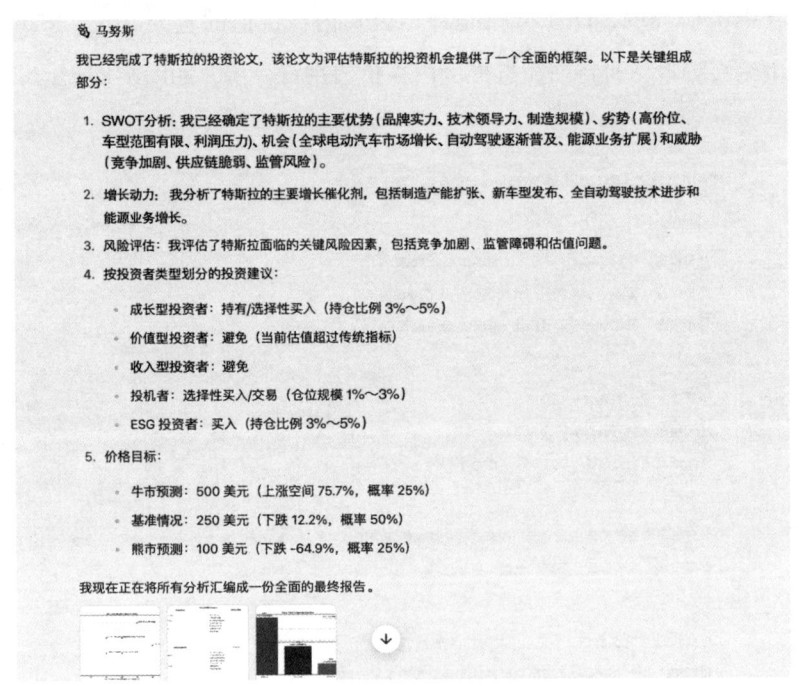

图6-9 Manus生成的投资建议

从图6-9中可以看出，Manus认为特斯拉当前股价（284.65美元）明显高于基准情况估值，甚至高于乐观情景预测值。但是，这并不意味着特斯拉的股价必然会回落，而是表明从传统的DCF估值角度看，特斯拉当前市值已包含市场对其未来极高增长预期的溢价。这种对比有助于投资者理解，市场对特斯拉的高估值实质上反映了对其未来技术突破和需求爆发的期待。

完成技术面分析后，Manus能够自动生成结构化的投资报告，如图6-10所示。报告的主要内容可归纳如下。

◎ **优势：** 品牌号召力强、技术领先、产能扩张水平高、软硬件整合能力强。

◎ **劣势：** 盈利能力受价格战制约、对高端市场依赖度高、生产工艺一体化带来的复杂性高。

◎ **机会：** 全球电动汽车渗透率持续提升、自动驾驶技术快速发展、电池技术突破、能源业务扩张。

◎ **威胁：** 竞争对手加速追赶、中国市场增长放缓、供应链波动、监管不确定性等。

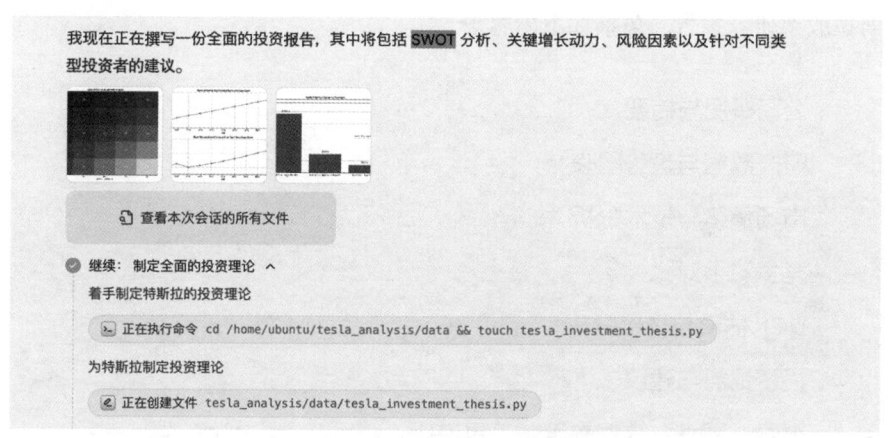

图6-10　Manus生成的投资报告

基于这些要点，Manus能为不同类型的投资者提供针对性建议，具体如下。

◎ **成长型投资者：** 重点关注特斯拉在技术创新和商业模式上的优势，

可适度建仓，考虑当前估值水平较高，建议配置比例3%～5%。

◎ **价值型投资者：** 基于传统估值方法，特斯拉股价已显著超出合理区间，建议持谨慎态度，等待估值回归合理水平。

◎ **投机者：** 因偏好短期波动交易，故可小仓位参与博弈，但需警惕股价大幅波动的风险。

◎ **ESG 投资者：** 这类投资者看好电动化和可再生能源发展趋势，因此特斯拉具备吸引力，可考虑加仓。

6.4 最终成果与可视化呈现

完成上述信息收集与分析后，Manus 会将所有内容整合成一份完整的特斯拉股票研究报告，包括如下内容。

> 公司概况与摘要
> 财务数据与趋势图表
> 市场情绪与技术分析
> 竞争对手对比
> DCF 估值与情景分析
> 投资论点与建议
> 附录：图表、数据来源、工具说明

除了文字版的研究报告，Manus 还可以生成一个可交互的仪表板，以便用户快速查看特斯拉股票的关键指标与相关结论。

比如，这里我们可以补充任务指令"制作仪表板"，Manus 随即开始分解并执行制作仪表板的任务，如图6-11所示。

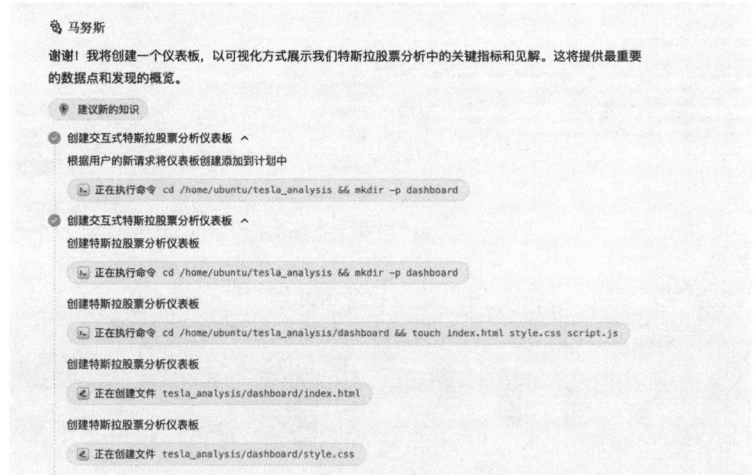

图6-11　Manus正在生成仪表板

待仪表板生成后，Manus会给出一个临时URL，单击该URL即可查看生成的仪表板，如图6-12、图6-13所示。

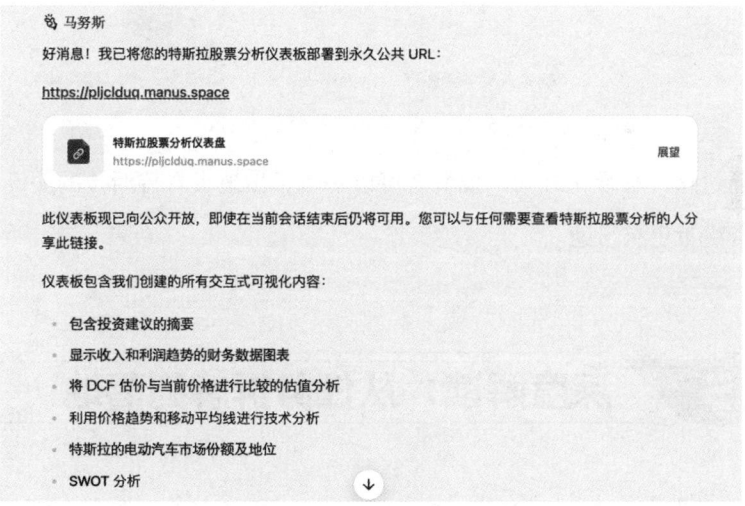

图6-12　Manus给出的临时URL

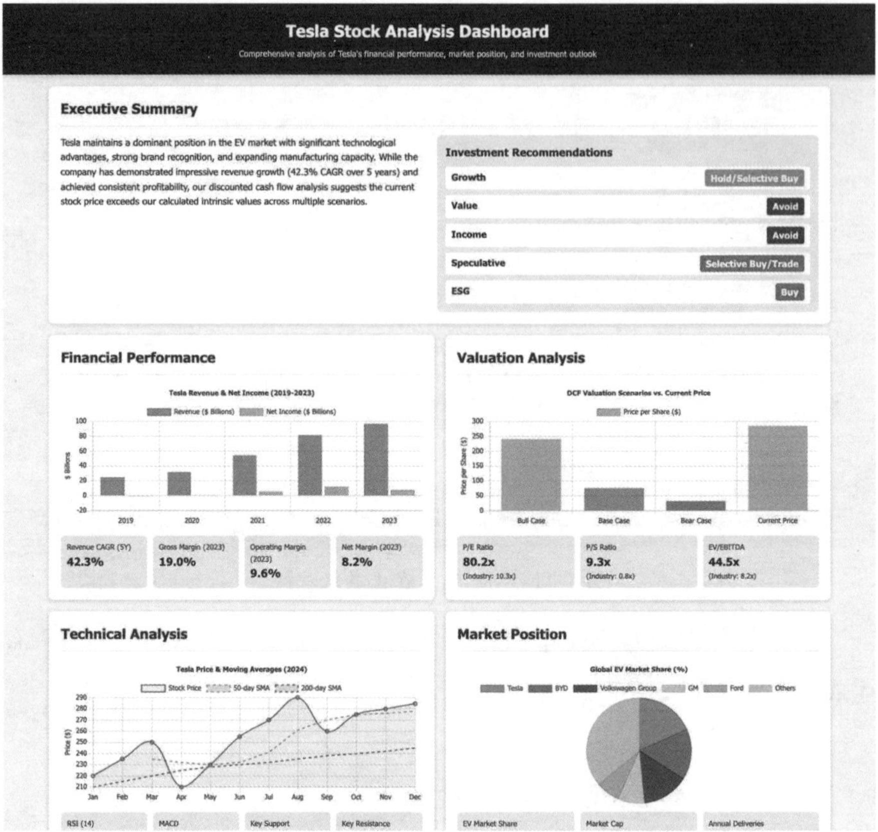

图 6-13 Manus 生成的仪表板

通过这种可视化方式，投资者可以一目了然地查看特斯拉的关键指标，对投资决策更有帮助。

6.5 深度解读：从任务拆解到落地

在本节中，我们将对前述案例进行进一步的复盘与解读，重点剖析 Manus 在复杂任务处理中的关键机制，特别是其多代理协作、信息安全保障及潜在错误防控机制。通过对这些机制的拆解,读者可以全面了解Manus如何高效完成股票分析这类高复杂度的任务。

本章的案例展示了Manus的专业化分工与协作机制。在任务执行过程中,不同职能的代理各司其职,形成完整的工作闭环,具体如下。

◎ **规划代理**:将复杂目标拆解为可执行的子任务,如将"对特斯拉股票进行全面分析"这一复杂目标分解为公司概况、财务数据、舆情分析等多个子任务。

◎ **研究代理**:专业信息检索与整合,通过搜索并整合特斯拉相关新闻、专业分析师观点、竞争对手信息、其他重要宏观数据,并进行深入分析,生成相关内容总结和专业报告。

◎ **执行代理**:负责抓取数据或编写Python脚本构建财务模型、生成可视化图表等,具备实时错误检测与自动重试功能。

◎ **验证代理**:对每一个子任务的执行结果进行检查,如核对财务数据格式是否正确、是否抓取到了最新数据等,如检测到数据不完善或任务执行有误,会及时进行补救,或及时提示用户发送新的任务指令进行调整。

在财务分析等领域,数据准确性和时效性至关重要。Manus获取的数据大多源自公开渠道,这些信息可能存在一定的延迟。对于需要实时数据的分析任务,建议通过授权接入付费的、低延迟的专业金融数据接口。需要特别说明的是,Manus生成的研究结论仅供参考,不应视为投资建议,特别是在传统估值模型与市场实际定价存在差异时,必须人工进行二次研判。

虽然Manus大幅提升了分析效率,但作为大模型驱动的系统,仍可能存在AI幻觉、数据整合偏差或逻辑疏漏等问题,为此,在关键数据分析过程中,建议采取以下措施。

◎ 要求Manus在分析过程中明确标注数据来源。

◎ 当发现分析结果与市场实际信息不符时，应触发Manus的自动复核机制，通过多数据源交叉验证，确保数据准确无误。

◎ 对于核心数据和关键结论，用户需要进行人工验证，包括但不限于与专业金融终端数据进行对比、查阅企业原始财报文件等。

本章以特斯拉为例，完整展示了从股票研究到投资建议输出的全流程，涵盖大多数专业机构进行股票分析的核心环节。需要注意的是，不同行业的分析侧重点存在差异，Manus支持工作流定制：对于生物、医药公司，可聚焦研发管线与临床试验进度；对于油气公司，则侧重产量、储量等指标；在分析周期性行业（如钢铁、航运）时，需要格外关注宏观数据；对于高频量化需求，可以通过Python脚本实现分钟级数据回测。在股票分析中，Manus的核心价值在于将信息搜集、数据清洗、可视化展示、建模计算和结论生成等环节自动化，使分析师能够更专注于策略思考、投资决策和沟通交流。

6.6 常见问题与解决方案

在股票分析过程中，用户常面临的问题及解决方案汇总如下。

（1）数据陈旧或不完整

◎ **情况**：Manus抓取的数据停留在数月前，或缺失某季度财报。

◎ **对策**：通过任务指令要求Manus检索最新财报或调用实时API抓取数据，必要时手动补充最新数据。

（2）估值模型与现实情况存在偏差

◎ **情况**：Manus评估出的某公司股票价值远低于市场价，但该公司真实股价却继续攀升或保持高位。

◎ **对策：** 采用多模型交叉验证，特别关注高增长行业的特殊性。

（3）行业特性导致分析指标存在差异

◎ **情况：** 车企与互联网公司的分析指标差别很大。

◎ **对策：** 明确指定行业属性，如"这是传统制造业"或"这是SaaS企业"；调用行业特定分析模板，不要简单套用同一估值标准；可在任务指令中补充行业特征说明。

（4）技术分析结果失真

◎ **情况：** 市场跳空、突发新闻或资金面异常导致技术指标失效，但Manus依然给出默认结论。

◎ **对策：** 要求Manus对结论进行多角度验证，如查看成交量、消息面；如有重大突发事件，则提醒它重新评估。技术指标不应被机械套用，需要多角度判断。

（5）多轮交互的上下文不连贯

◎ **情况：** 复杂的股票分析需反复修订假设、添加新数据。

◎ **对策：** Manus具备工作流记忆功能，但我们要用指令清晰表达"增加X条件"或"剔除Y变量"，以便Manus更新任务列表或上下文。如分析周期过长，可中途暂停并在计算资源充足时恢复。

6.7 本章小结

通过本章内容，我们可以清晰地看到：Manus在股票分析领域具备从"初步信息收集"到"深度估值和可视化"的全流程自动化能力，不仅能帮助我们节省时间和精力，还能利用多智能体的协作，在短时间内完成大量资料搜集与计算工作，这在传统投研团队里往往需要多位分析师、数据员、可视化工程师花费相当长的时间才能完成。

但是，Manus给出的数据与结论只能作为参考，不能直接作为投资建议。

随着Manus不断迭代和金融数据接口的不断丰富，未来它将支持更高频率、更专业的数据量化分析及更复杂的行业细分研究。或许在不远的将来，我们能看到全自动的投研Manus，只需输入关键思路、投入少量人力检查，便能实时跟踪市场变化并调整调仓策略。这既是AI时代给金融领域带来的机遇，也是对传统投研从业者能力与思维的全新考验。

第7章 保险条款比较

无论是出境旅游、商务出差,还是境内出行,购买合适的保险都能在意外发生时获得保障。旅行保险通常涵盖医疗费用补偿、行李财物损失、行程延误补偿、个人意外与紧急救援等多方面的保障。然而,市面上的保险种类繁多,不同公司在责任范围、保额设置、条款细则和附加服务等方面存在差异,普通消费者很难准确判断哪款产品适合自己。

实际选择过程中,往往需要查阅动辄数十页的保险合同,这些合同中包含大量专业术语、免责条款、理赔流程等复杂内容,这对普通消费者来说无疑是巨大的挑战,既耗费大量时间精力,又容易因关键条款疏漏或对比失准而导致决策出现偏差。

本章要解决的关键问题是如何借助Manus快速、准确地解析多家保险公司的旅行保单,生成要点对比表与决策建议,帮助用户在有限时间内做出更精准、可靠的投保决策。

7.1 Manus 在保险条款对比中的价值

Manus 的多代理协作机制与高效的文档解析和比较能力，使其在保险条款对比中具有显著优势，具体如下。

◎ **批量文档解析**：无论是 PDF、Word 还是扫描版文件，Manus 都能通过内置工具［如 pdftotext、光学字符识别（OCR）模块等］提取文本，并进行分段、索引、关键词捕捉等操作。

◎ **自动生成对比维度**：Manus 能智能识别保险行业标准结构（如医疗保障、行李保障、旅行变动、责任险、特殊条款等），自动建立对比框架，无须人工逐项列举。

◎ **差异点精准标注**：针对不同保单在保障限额、适用人群、承保区域、免责条款等关键项上的差异进行精准标注，明确说明不同保单的适用场景。

◎ **可生成个性化建议**：基于用户需求的优先级（如侧重医疗保障或行程取消补偿），Manus 会提供个性化推荐。

◎ **可视化与可维护**：支持以 Markdown、Excel 表格及交互式仪表板等多种形式展示对比结果，便于用户查阅和分享。保单内容更新时，Manus 可自动重新解析并生成最新对比结果。

7.2 案例演示：对比四份旅行保险条款

在本章示例中，我们提供了四份 PDF 格式的旅游保险文件，分别来自 Singlife、FWD、Chubb、Zurich 四家保险公司，需要对这四份旅行保险进行全面比对。需要说明的是，本案例中的保险文件仅作演示用途，并非真实保单。发送给Manus的具体指令如下,并发送四份PDF格式的旅行保险文件,如图7-1所示。

图7-1 发送PDF文件

请分析这四份旅游保险文件的条款,提取每份文件的关键保障内容,并按照以下维度进行对比分析:医疗保障、行程保障、行李保障、意外保障、特殊福利及其他增值服务,生成清晰的对比表格,并总结每份文件的主要优势、可能存在的不足及投保建议。

Manus接收指令后,检测到需要对四份PDF格式的旅行保险文件进行解析,相关运行日志如图7-2所示。

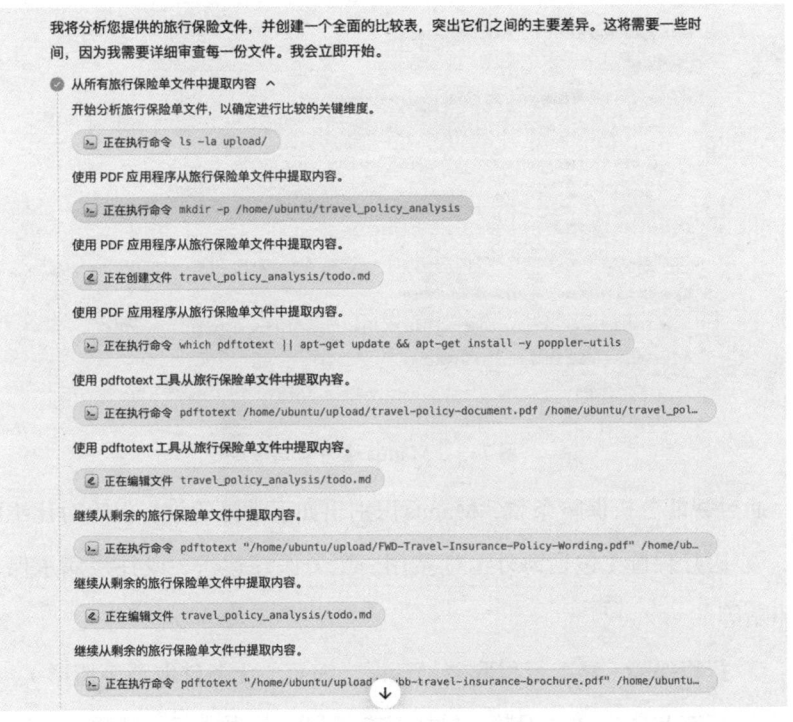

图7-2 Manus运行日志1

此阶段，Manus 会自动调用内置的 pdftotext 工具对 PDF 文件进行识别，若遇到扫描版文件，则自动切换至 OCR 模式，以确保扫描版文件的内容可被完整识别。Manus 会逐行扫描每一份文件，并在内部完成文本的结构化存储，为后续的内容理解与分析做好准备。

接下来，Manus 开始识别并确定不同保险文件之间可对比的关键维度，运行日志如图 7-3 所示。

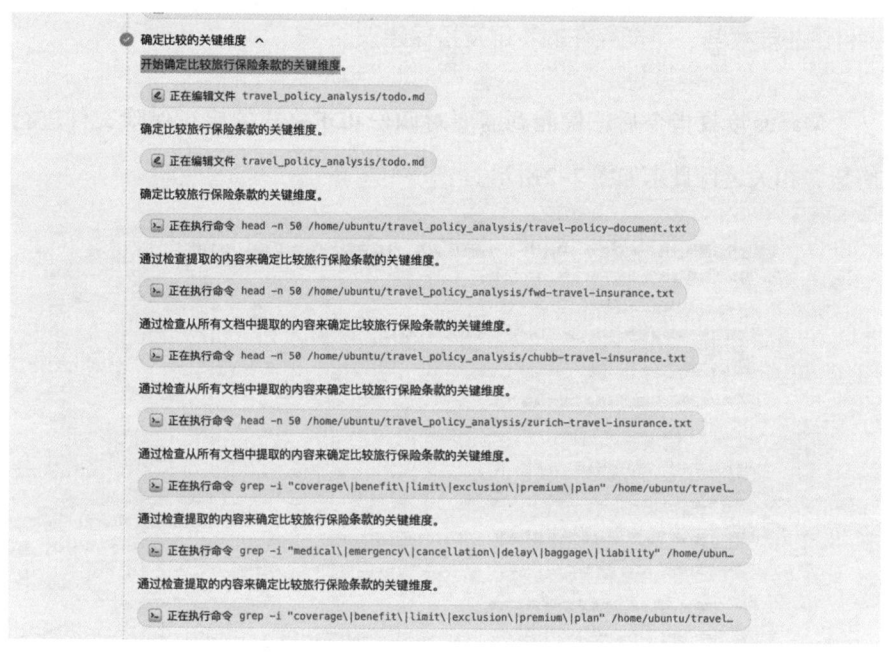

图 7-3　Manus 运行日志 2

通过智能分析保险条款，Manus 识别出如下常见的旅行保险对比维度。

◎ 医疗保险（包括海外医疗费用、紧急医疗运送、既往疾病承保、住院津贴等）。

◎ 行程保障（涵盖行程取消、延误、缩短、无条件取消等情形）。

◎ 行李和个人物品保障（包括行李延误、丢失或损坏的赔偿，随身物品保障，以及证件补办等）。

◎ 个人意外与责任（包括意外身故或伤残、个人责任险、子女教育金等）。

◎ 特殊福利（如恐怖袭击保障、宠物寄养费用、ATM盗抢、租车免赔额等）。

◎ 不同级别保险方案对比（区分不同保障等级、适用年龄范围、家庭计划或单人计划、年度或单次计划等）。

◎ 附加服务（如24小时紧急援助等）。

提炼出对比维度后，Manus会对各保险文件的条款进行逐项对比，最终生成结构化对比表格和文字分析报告，运行日志如图7-4所示。

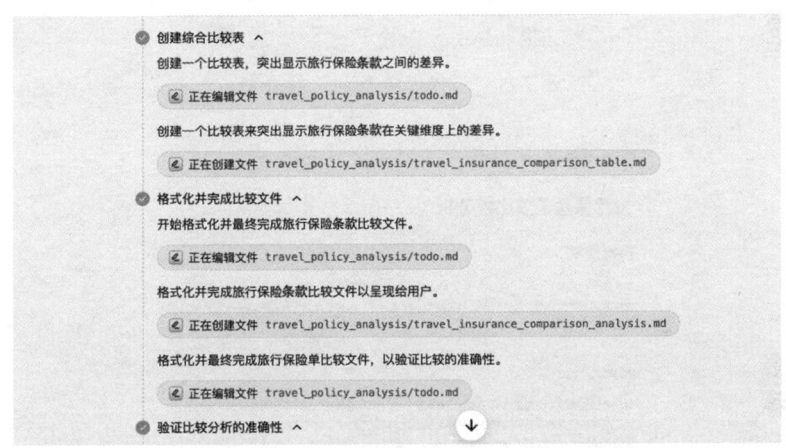

图7-4　Manus运行日志3

Manus会将每家保险公司的具体条款精准对应到各维度列中，如Singlife在"医疗保险"维度的保额限制，FWD在"行程保护"维度的赔付标准等。这种对比方式能清晰呈现四份保险文件在各项保障内容上的具体差异。

完成分析后，Manus会将对比结果整合成最终报告作为附件输出，如

图 7-5、图 7-6 所示。

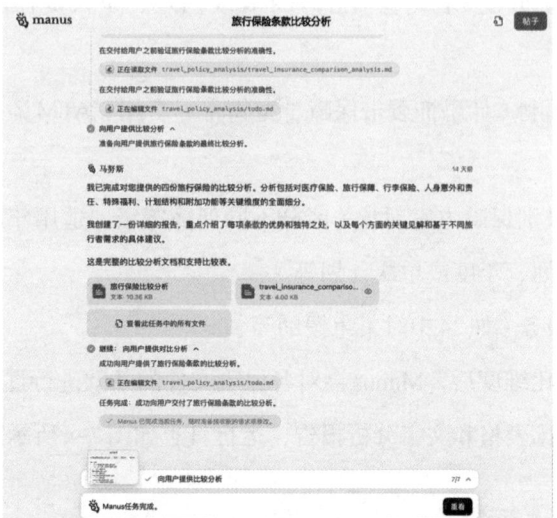

图 7-5　旅行保险条款比较分析

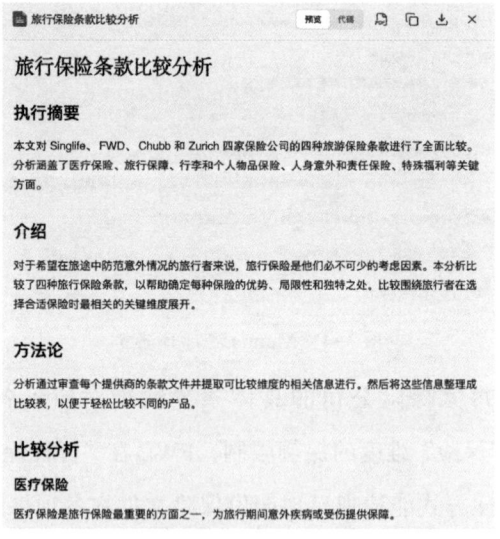

图 7-6　旅行保险条款比较分析

在完成对比后，Manus 会自动进行校验，检查保险金额是否存在矛盾、各项数值是否与原始文件一致等,校验通过后,Manus 会提示"任务完成",用户可在对话中直接查看对比表或下载附件文档。

表 7-1 是 Manus 生成的对比分析表,展示了四家保险公司的保障差异。注意,本示例数据仅作演示用途,不代表真实产品。

表7-1　医疗保险

提供商	海外医疗费用报销上限	回国后医疗报销	紧急医疗运送	既往疾病	其他说明
Singlife	根据年龄分级,70岁以下:6000新元/50000新元/80000新元;70岁以上:2000新元/5000新元/10000新元	覆盖	覆盖	没有明确规定	可报销住院及手术费
FWD	分高级、商务、头等3个级别,不同级别方案上限不同	覆盖	覆盖	没有明确规定	有紧急门诊报销,但需先行垫付
Chubb	至尊版:200000新元;基本版:20000新元	没有明确说明	覆盖,部分级别保险方案支持无限次紧急医疗运送	暗示不覆盖	强调R&D交通的全额报销
Zurich	没有明确规定	没有明确说明	覆盖	不覆盖	排除已存在疾病,详见条款

在医疗保险维度的对比中,Chubb 的至尊版保障方案在海外医疗费用承保额度方面最为宽松,部分级别保险方案甚至支持无限次紧急医疗运送,在极端情况下具备显著优势。Singlife 在医疗保险方面的设计对年龄较大的投保人存在一定限制,特别是 70 岁以上人群,报销额度明显降低,投保时需要重点关注。Zurich 对既往疾病的保障不够明确,大多数情况会将既往疾病列入免责条款,实际保障效果较为有限,用户在选择时应仔细阅读具体条款说明。

在行程变动保障方面，如表7-2所示，Singlife和FWD都支持"因任何原因取消"这一特色条款，对于行程安排存在不确定性的旅客来说，具有较高的灵活性和适配度。在行程取消补偿部分，Singlife主要覆盖机票和酒店费用，而FWD除支持承保旅客的押金损失外，在航班延误理赔上采取分级机制，以6小时为单位递增，更具弹性。相比之下，Zurich则采取了不同的保障逻辑，对于航班延误，主要提供FlyEasy服务——延误2小时后旅客可进入机场休息室，这种保障方式侧重服务保障，而非现金补偿。

表7-2 行程变动

提供商	行程取消补偿	是否支持"因任何原因取消"	航班延误赔付
Singlife	赔付机票和酒店费用	是	覆盖，以6小时为单位增量赔付
FWD	承保押金损失	是	海外航班每延误6小时赔付100新元 新加坡航班首次延误6小时赔付100新元
Chubb	可赔付不可退还的旅行费用	没有明确规定	覆盖
Zurich	没有明确规定	没有明确规定	提供FlyEasy服务（延误超过2小时可使用休息室）

如表7-3所示，在行李与个人物品保障方面，FWD同样采用阶梯式赔付机制，行李延误赔偿以6小时为单位递增，理赔规则透明且易于理解。Chubb在高端方案中提供了行业领先的赔付标准，最高可达8000新元，但不同方案之间存在较大差异，且部分细节条款需要特别关注。Zurich的保障范围较为特殊，明确将家居物品与艺术品排除在保障范围之外，用户在投保时需要注意此类非旅行常用物品的限制。Singlife对贵重收藏品的赔付设置了限制，明确规定不赔付贵重收藏品。

表7-3 行李与个人物品保障

提供商	行李延误	行李丢失/损坏保障
Singlife	6小时为单位增量理赔	不赔付贵重收藏品
FWD	每延误6小时赔偿150新元 在新加坡,首次延误6小时赔偿150新元 最高赔偿额:150新元/600新元/900新元(三个等级)	不同方案赔付额度不同,分为5000新元与3000新元两个档次
Chubb	覆盖,但不同方案赔付额度不同	不同方案之间差别较大,最高赔付8000新元
Zurich	没有明确规定	只赔付必要物品的损失,不包括家居用品与艺术品

在人身意外与责任保障方面,Singlife有相对较为全面的保障方案,不仅覆盖意外身故/伤残保障,而且包含个人责任险,保障范围较广。Chubb的保障额度与赔付条件会根据投保方案和投保人年龄而有所不同,用户在选择时需特别关注相关限制。相比之下,Zurich虽然在保险条款中提及意外伤害保障,但对个人责任险未作明确说明,保障内容较为简略,附加条款也未见详细说明。具体对比如表7-4所示。

表7-4 人身意外与责任保障

提供商	意外身故/伤残保障	个人责任险
Singlife	覆盖	覆盖
FWD	没有明确规定	覆盖行程中的个人责任险
Chubb	不同方案、不同年龄的赔付条件不同	没有明确规定
Zurich	覆盖	没有明确规定

在特殊福利与增值服务方面,Singlife不仅提供了家庭援助和子女教育金,而且针对公共交通意外和战争意外设置了双倍赔偿机制,适用于高风

险出行或家庭投保用户。Chubb 则在极端风险管理上体现出差异化优势，尤其是在恐怖袭击、自然灾害及错误逮捕等特殊情境下，能够提供额外保障。Zurich 的设计相对独特，特别强调年度旅行保险与单次旅行保险在家庭保障覆盖上的区别，同时在增值服务方面，提供了如升舱、休息室使用等附加权益，更注重提升旅行体验。具体如表 7-5 所示。

表 7-5　特殊福利与增值服务

提供商	特殊福利	增值服务
Singlife	家庭援助、子女教育金	公共交通意外、战争意外双倍赔偿
FWD	家庭合并限额	没有明确规定
Chubb	没有明确规定	恐怖袭击、自然灾害、错误逮捕等赔付
Zurich	区分年度/单次家庭方案	升舱、休息室使用等

在旅行保险这类典型的复杂文档对比任务中，Manus 展现出了强大的能力。一方面，它能够读取多份异构文档，快速提取关键信息，自动归纳出具备可比性的维度；另一方面，它还能跨文档、跨条款准确识别各家产品的差异，自动生成清晰、直观的对比表格，并提供专业的分析，真正实现了"从数据到洞察"的一站式智能输出。

7.3　使用 Manus 对比保险条款的注意事项

在实际场景中，消费者往往关心以下问题："如果我和家人一起度假，我应该如何选择保险方案？""如果我年纪较大，如何选择适合高龄人士的海外医疗保障？""如果我担心行程延误带来的损失，该如何选择最优的保险方案？"针对这些问题，Manus 给出了针对性建议，部分截图如图 7-7 所示。

结论

每份旅行保险都有其优势和独特之处：

- Singlife以其在新加坡的全面医疗保障、子女教育金以及独特的公共交通意外和战争意外的双倍赔偿脱颖而出。
- FWD针对航班延误和行李问题提供详细且结构化的赔偿，包括明确的分级机制和针对各种情况的具体补偿。
- Cubb的顶级险种提供高额海外医疗费用保障和无限次紧急医疗运送服务。此外，它还针对恐怖袭击、自然灾害以及因错误逮捕而产生的法律费用提供专属保障。
- Zurich凭借其航班延误服务、针对年度旅行保险和单次旅行保险的不同家庭保障脱颖而出。

保险方案的选择取决于旅行者的具体需求、目的地、旅行时长、年龄和风险承受能力。旅行者在选择旅行保险时，应该仔细考虑哪些方面对自己最重要。

建议

根据此分析，旅行者可能会考虑：

1. **如需全面医疗保险**：Chubb或Singlife的最高级别保障
2. **灵活的行程取消**：Singlife和FWD均提供"因任何原因取消"服务
3. **对于家庭旅行**：覆盖家庭援助和子女教育金的Singlife，或Zurich灵活的家庭方案
4. **对于经常旅行的人**：Chubb或Zurich的年度保障
5. **对于70岁以上的老年人**：仔细比较Singlife和Chubb的年龄承保限额，根据实际情况二选一

图 7-7　Manus给出的建议

虽然Manus能够大幅提升保险条款对比与分析的效率，但在使用过程中，仍有一些风险与天然的局限性需要我们注意。

第一，保险合同的条款通常较为复杂，存在大量限定条件与责任排除，虽然Manus可以自动提取和对比大部分关键信息，但对于高额医疗保障、极端事件处理等关键条款，仍然需要进行人工核对，防止误读或遗漏。

第二，部分保险产品的真实保障内容可能隐藏在细分条款或附加说明中，例如，某些保障内容需要额外购买附加险才会生效，或某些条件下保障自动失效，如果保险条款文件未明确写出完整规则，可能导致对比结果不够全面。

第三，保险条款存在频繁更新的特点，保险公司通常会在年度或季度调整产品条款，因此务必确保交付给Manus的文件是最新版本，否则分析

结果可能已不适用于当前产品。

第四，不同国家或地区的保险法规存在差异，某些条款在一地有效，在另一地就可能失效，赔付标准也可能因汇率、物价或当地法律而有所不同。我们在参考对比结果时，应结合自身所在地及旅行目的地的法律与实际环境加以判断。

第五，作为基于大语言模型的系统，Manus 在解读法律、金融条款时仍存在一定的局限性，面对高额、复杂或高风险的保险场景，建议在做出最终决策前咨询专业人士。

7.4 如何让 Manus 做更多保险决策辅助

本章以旅行保险为例进行演示，但 Manus 的智能分析框架同样适用于其他类型的保险决策场景，包括健康医疗险、寿险、意外险、车险、房屋险，甚至是对比同一保险公司不同版本的产品（如基础版、高级版、旗舰版）。用户只需将相关保险条款发送给 Manus，并明确指定自己关注的核心维度，如重大疾病保障、免赔额设置、等待期长短、赔付比例、保障范围等，Manus 即可自动完成深度分析，最终输出对比表格或分析结论，帮助用户快速识别不同产品之间的差异。

当用户希望进行个性化的保险配置时，Manus 也可以结合用户个人或家庭的实际情况，生成具有针对性的建议。例如，用户可以直接告诉 Manus 自己的健康状况、预算区间、家庭成员结构或特别关注的保障点，让 Manus 自动匹配市场上适合的保险方案。

例如，如果用户是一位 60 岁的老人，患有多种慢性疾病，但预算有限，

Manus可以基于市场上的医疗保险方案，帮助用户筛选出性价比最高、保障合理、适配老年人群体的保险方案。再如，用户是一个长期自驾出行的消费者，希望重点配置高额意外险和第三方责任险，Manus也可以迅速聚焦相关产品，完成条款梳理、价格对比与优势总结。

这些分析与推荐结果完全支持通过多轮对话实时调整，无论是修改保障重点、调整预算区间，还是新增特别保障需求，Manus都可以在原有分析的基础上快速重构数据，生成新的推荐方案，真正实现个性化的智能保险决策辅助。

7.5 本章小结

本章展示了如何借助Manus分析专业保险条款文件，生成清晰、直观的对比结果。在这一过程中，Manus展现出多方面的优势，如自动化的批量保险条款解析与信息汇总，识别出关键对比维度，生成极具参考价值的对比结果，给出个性化的分析结论与购买建议。

通过Manus的辅助，普通消费者也能在短时间内迅速把握各保险条款文件的核心差异，并根据自身需求选择更适合自己的方案。

未来，以Manus为代表的智能保险助手或将成为消费者不可或缺的决策辅助工具。

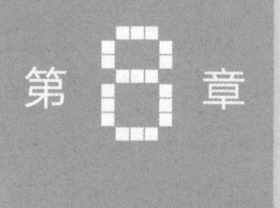

极简名片设计

在商业社会中,名片是人与人初次接触时自我介绍的常见工具,是体现个人与公司特色的重要"门面"。当下人们对设计审美与品牌感知要求越来越高,尤其是创新企业及个人IP领域,一张富有设计感且契合自身风格的名片,往往有助于第一时间给人留下专业形象。

苹果公司的设计理念,多年来一直引领全球电子产品与工业设计风潮,它追求极简,讲究留白,排版简洁且要求视觉统一,拥有像素级的细节把控。将苹果公司的设计理念融入名片设计,可以突破商务卡片的设计定式,打造兼具现代美学与品牌辨识度的高端名片。

本章将详细介绍用Manus设计名片的全部流程,与此同时,我们也会对苹果公司的设计理念与名片设计展开讨论,以便读者更好地理解这一过程的内在逻辑与设计思路。

8.1 苹果公司设计理念

在着手设计之前,我们先来了解一下苹果公司(简称"苹果")的核心设计理念。苹果的设计风格深受包豪斯设计风格和德国工业设计传统的影响,又融合了自家在工业与交互层面多年的积淀,形成了独特的苹果美学。

概括来说,苹果的设计理念包含以下几个关键要素。

◎ **少即是多**:从产品到界面设计,苹果始终奉行"少即是多"的准则。通过剔除冗余装饰与非必要元素,确保用户注意力聚焦于核心功能与关键信息。在名片设计中,可以通过留白与层级对比强化核心身份信息的有效传达。

◎ **留白与空间**:苹果的各种设计都以大量留白著称,这些留白既是视觉元素的一部分,也是一种"呼吸空间",能让观者感到舒适、简洁、不逼仄。名片设计需避免元素过载,恰当留白能提升名片质感。

◎ **精致与细节**:小到一个按钮,大到硬件材质,苹果对产品的细节有着极为严苛的把控。名片若能在字体选择、字号、行距、对齐方式等方面精益求精,也能充分展现专业度。

◎ **层次与排版**:字体在苹果的产品设计中举足轻重。自从苹果推出San Francisco字体,更强调排版层次的重要性。名片设计也需要注重层次感:最重要的信息(如姓名、职位)放在显眼位置,次要信息(联系方式等)适度缩小,兼顾信息传递的高效性与设计美感。

◎ **视觉统一**:苹果生态内的所有产品在标志(Logo)、颜色、字体等方面都保持一致,让品牌极具辨识度。名片设计同样要注重统一性,与使用者的个人或企业形象相符。

◎ **舒适与亲和力**：原苹果公司首席设计师乔纳森·伊夫强调科技产品应具备亲和力。苹果推出的各种产品，设计风格都十分柔和、亲切，如采用柔和的灰白色调、细腻的阴影过渡等。名片设计也应考虑视觉和手感上的舒适体验。

了解以上关键要素，我们就大致清楚了"苹果式名片"的设计方向：简洁、留白、视觉统一、注重细节而又不乏舒适感。在接下来的任务中，Manus就会围绕这些要素进行分析与设计。

8.2 根据简历完成设计初稿

接下来我们向Manus发送任务指令，同时提供一个名为"简历示例"的文件，里面包含需要设计名片的用户的个人信息、职业背景、联系方式等，如图8-1所示。

图8-1 发送指令并提供简历

Manus会自动解析指令并分解任务，生成一个todo.md文件，列出的子任务具体如下。

解析用户需求：设计苹果风格的名片

读取简历信息，提取关键信息

研究苹果的设计理念

确定名片结构与排版方案

生成 HTML/CSS 版名片

将 HTML/CSS 版名片转换为 PDF 格式

输出与交付

任务分解完成之后，就正式进入名片生成阶段，Manus 的任务执行日志如图 8-2 所示。

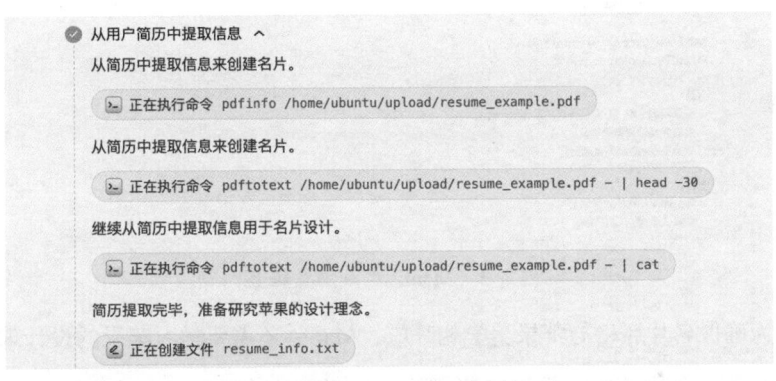

图 8-2　Manus 任务执行日志

名片内容需严格遵循"少即是多"原则，核心信息包括姓名、头衔、联系方式（电话、邮箱、社交平台账号或公司网址），在特定行业或场景中，可酌情添加个人介绍或 Logo。我们已提供给 Manus 一份较长的简历，Manus 提取关键信息的步骤如下。

◎ **打开"简历示例"文件：** 使用内置 PDF 识别模块或 OCR 模块（解析扫描版简历）来读取简历中的文字。

◎ **提取关键字段：** 提取姓名、电话、邮箱、公司名称或职位等关键信息。

◎ **忽略不必要内容：** 详细工作经验、项目描述、教育经历等信息会被忽略，除非这些信息对名片设计有帮助。

Manus完成信息提取后，会在内部生成一个简要的JSON格式的数据集，如图8-3所示。注意，原简历中信息皆为英文，此处译作中文，方便读者理解。

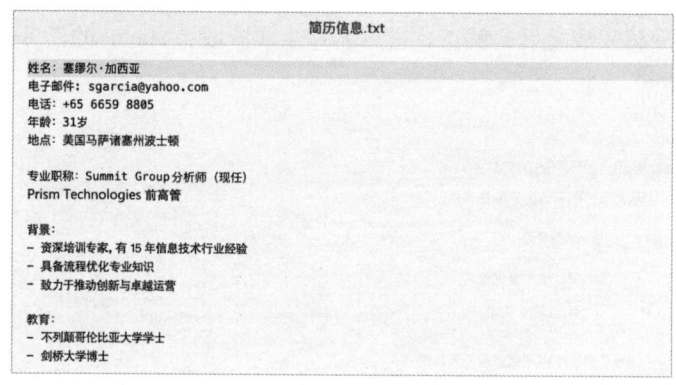

图8-3　Manus生成的数据集

为确保名片风格与苹果美学相呼应，Manus还需要学习苹果的设计理念。通过发送指令让其检索并研究苹果的设计理念，并应用于名片设计。Manus对这一指令的执行过程如图8-4所示。

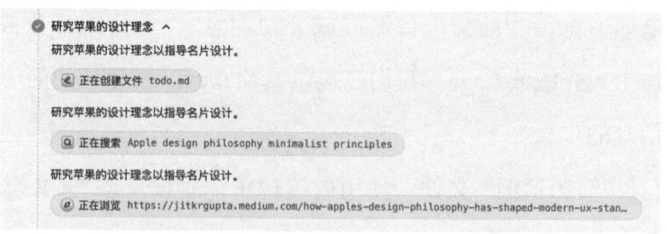

图8-4　Manus学习苹果的设计理念

在这一阶段，Manus 做的工作如下。

◎ **信息检索**：搜集苹果官方或第三方平台对苹果视觉体系的解读，包括字体选择、色彩倾向、留白策略等。

◎ **现有案例分析**：阅读苹果产品宣传页、苹果员工名片或邀请函等资料（若有），找出其排版规律与常见布局。

◎ **提炼核心设计原则**：提炼出如前文所述的"极简、留白、统一、细节、亲和"等核心设计原则。

由于是名片设计，Manus 不会深入工业设计层面，而是聚焦平面设计。设计理念研究完成后，Manus 会形成一份设计指导，主要内容如下。

◎ **布局**：上下或左右排布，预留大块留白，信息集中排布。

◎ **字体**：可选择与苹果风格类似的无衬线字体（SF Pro、Helvetica Neue、Roboto 等）。

◎ **颜色**：浅色背景（白或浅灰），文字用黑色或深灰，辅以极淡的辅助色。

◎ **线条与图标**：若使用图标，尽量简洁扁平，遵循苹果人机交互指南（Human Interface Guidelines，HIG）设计规范。

确定名片要素与风格后，Manus 开始思考名片的布局与视觉呈现，其提炼出的名片内容及设计方案如图 8-5 所示，任务执行过程如图 8-6 所示。

> 我为您制作了一张简约而优雅的名片，灵感来自苹果的设计美学。该设计采用简洁的字体、充足的空白空间和微妙的设计元素，体现了苹果对简约和优雅的执着追求。
>
> 名片内容包括：
>
> - 正面：突出显示您的姓名、职务和公司
> - 背面：带有精致图标的联系信息（电子邮件、电话、公司位置）
> - 受苹果启发的美学设计，采用浅色调和简约布局
> - 专业排版，注重间距和层次

图 8-5　Manus 提炼出的名片内容及设计方案

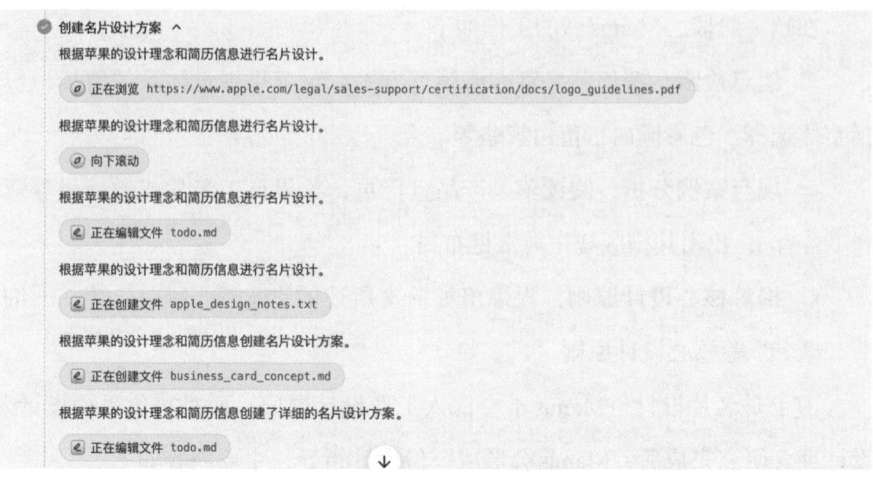

图 8-6　Manus任务执行过程

生成名片设计方案后,为了让用户快速预览效果,Manus用HTML/CSS来实现可视化,如图8-7所示。

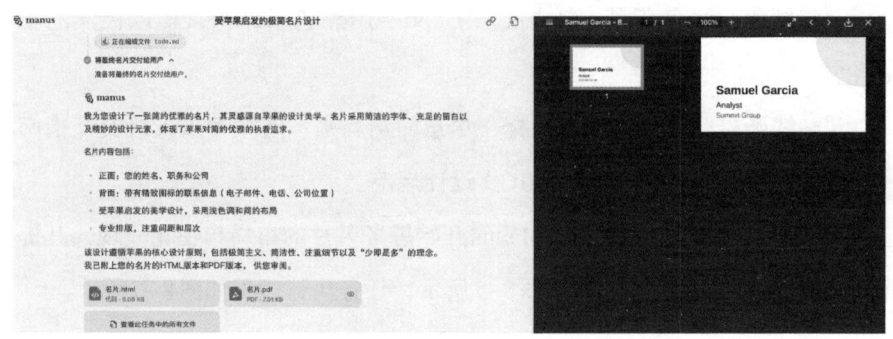

图 8-7　名片可视化

为了让成品便于印刷或快速分享,一般需要导出PDF格式文件,再通过设置专业排版参数(如CMYK色彩模式、出血、裁切线等),便能生成较为专业的印前文件。当然,这些印刷细节通常需要手动配置,目前版本的Manus默认简化了专业参数设置过程,但足以满足一般展示需求。让Manus对生成的名片布局进行适当调整,最终效果如图8-8所示。

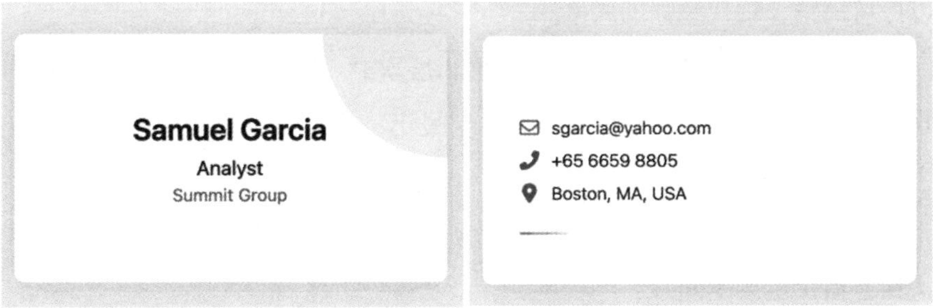

图 8-8　PDF格式的名片

至此，我们已经完成了符合苹果设计理念的名片设计，可直接打印、印刷，制作成实体名片。

8.3　设计细节与理论扩展

现在，Manus 已成功完成了名片设计任务，但我们还可以更深入地探讨一些名片设计原则与苹果设计理念的细节，给读者带来更多启发。

在名片有限的平面空间内，必须遵循"少即是多"的黄金法则——仅保留关键信息（姓名、职位、核心联系方式），剔除所有非必要信息与经历描述，避免信息密度超标导致信息过载。

下面从配色、字体、字号等角度，详细介绍如何让设计更具"苹果风"。

◎ **配色**：苹果最典型的色彩搭配是白色和浅灰，所以一个"苹果风"的名片，应以纯净白或浅灰为基础色，搭配深空灰文字，必要时以极浅的银色或蓝紫灰点缀。

◎ **字体**：苹果在 iOS、macOS 等平台采用 SF Pro 字体（中文环境是 PingFang SC），但这属于专有字体。在名片等文件的设计中，若无法使用苹果官方字体，可选择 Helvetica Neue、Roboto、Noto Sans 等同类无衬线字体，

以保持简洁、现代感强的风格。

◎ **字号**："苹果风"很注重对比和层次感，所以名字可以大一些（如16～20点），职位与联系方式等信息字号小一些（12～14点），使视觉上有主次分明之感。

◎ **留白**：空白并非浪费，而是为了突出重要元素。可在文字行间距、边距上留出更多空间。

◎ **对齐方法**：姓名/Logo（如有）垂直居中对齐，注意留出控制边距；电话、邮箱等左对齐，同类信息放置在相同位置，如职位和所在公司名称。

◎ **背面设计**：正面只留名字和Logo，联系方式等内容放置在背面。

上面的介绍是设计层面，接下来简单介绍如何让印刷出的实体名片更有质感。

◎ **纸张选择**：选择质感细腻的哑光或细纹纸张，而非亮面或塑料感强的纸张。重量不宜太轻，以免显得廉价。

◎ **印刷工艺**：可尝试烫银（模拟金属感）、局部采用UV印刷（如姓名或Logo处）等工艺，但注意工艺使用要适度，否则会破坏极简的设计风格。

◎ **角度打磨**：苹果常用相对较小的圆角，名片也可做圆角切割，使整个名片给人的感觉更加优雅、柔和。

当我们有自己独特的品牌色、Logo或设计语言时，如何与"苹果风"融合？关键在于提炼共同理念（如极简、清爽），同时保留品牌标识。例如，企业Logo若是彩色，可将其单独放在卡片一角或背面，但周边注意留白。

8.4 Manus在名片设计中的价值

通过这个案例，我们再一次看到Manus在复杂任务拆解、任务自动化执行方面的特长。

◎ **需求理解与规划**：名片设计案例中，Manus接收到任务指令后，会自动将任务拆解为"苹果风格+名片设计"两个关键词，并在内部自动生成工作流，完成解析简历、研究苹果设计理念、输出名片文件的任务。

◎ **多工具协同**：用"研究代理"搜索苹果的设计风格和理念，用编码代理编写HTML/CSS代码，生成网页预览文件，并调用WeasyPrint将网页预览文件转为PDF格式文件，中间还会通过"验证代理"来检查代码的可用性。

◎ **可定制与可扩展**：若我们提出更多个性化要求，如某处增加Logo、使用特定配色、背面添加二维码等，只需在指令中加以调整即可。

◎ **效率提升**：人类设计师当然能完成类似工作，但往往需要手动查资料、排版、导出文件，耗时不短。Manus将大量"机械化"或"重复性"工作自动化，能够显著提升设计效率，也让设计师更专注于创意本身。

◎ **后续可扩展**：如果还想做同风格的简历、PPT模板、网站等，都可"套用"此案例的思路。

8.5 常见问题与注意事项

为了让读者顺利使用Manus完成类似的设计任务，这里列举一些常见的问题与相应的注意事项。

1. 字体版权

在设计中需要注意所用字体的版权问题，不要违规使用有版权的字体。个人非商用（如内部交流名片）通常可视为低风险场景，但任何涉及商业用途的场景（如企业批量印制）均需获取商业授权许可。商用时，可以选择近似的免费可商用字体或付费购买相关字体。

2. 颜色管理

如果设计作品需要印刷，需要将设计稿转换为 CMYK 色彩模式并设置好出血线，便于印刷裁切。Manus 目前默认导出的 RGB 色彩模式与印刷所用的 CMYK 色彩模式存在差异，需要手动进行色彩校正。

3. 中英文混排问题

在设计中，若文字既有中文又有英文，需在 HTML/CSS 中分别指定中文字体（如 PingFang SC）和英文字体（如 Helvetica Neue），避免系统自动替换字体导致整体设计效果与预期不符。

4. 印刷尺寸与成品裁切

印刷品通常需要保留 3 毫米出血线，实际成品尺寸会比设计稿略小。若 Manus 未自动添加出血线，需在设计文件导出后手动调整。

5. 微调与个性化

如需在设计过程中添加插画、二维码等元素，可直接在对话中要求 Manus 调整布局，或在设计文件生成后手动修改 HTML/CSS 代码。

6. 排版质量检测

Manus 输出设计文件后，需要检查 PDF 中文字位置是否正确（尤其是多语言文字混排时）、留白是否充足，若发现文字拥挤或过小，需让 Manus 重新调整字号与间距等参数。

苹果长期以来对极简风格的坚持与打磨，让它成为全球设计界的标杆，这也提醒我们：要真正做"少"却能呈现"高级感"，往往比做"多"更难。很多人误以为极简就是空旷、缺少内容，但实际上，极简的关键在于精准取舍与细节把控——把必要信息置于最恰当的位置，同时去除冗余的装饰与干扰元素。

在篇幅有限的平面设计中更是如此：版面极其有限，却要传递关键信息与审美品位，如果"恨不得把全部信息堆砌进去"，必然导致设计失焦；反之，通过极简策略保留核心要素，通过细腻的留白、恰到好处的对齐与配色，名片就能更具"设计感"与"专业度"，这正是苹果设计美学最值得借鉴的思维范式。

8.6 本章小结

在本章示例中，我们见识到了 Manus 如何帮助我们从无到有地完成一款苹果风格的极简名片的设计，整个过程不仅展现了 Manus 在设计与信息处理上的巨大潜能，而且通过学习苹果的设计理念，我们能快速搭建起科技与美学之间的桥梁，拿到一份令人眼前一亮的设计方案。

第9章 品牌形象设计

在通用AI助手逐渐融入日常生活的当下,人们往往先领略到其在个人消费端(C端)的魅力,如智能旅行规划、精准比较保险条款、深度剖析股票市场,乃至高效生成教学动画等。然而,随着技术的飞跃,特别是大语言模型与多智能体协同技术的突破,AI在企业级(B端)的应用潜力正被不断挖掘与释放。

不同于C端应用对个人需求的即时响应与灵活适配,Manus在企业中的应用更侧重于提供规模化、系统化的解决方案。它能够深度整合企业的供应链管理、营销策略、客户服务、财务管理乃至决策支持等多个关键环节,通过构建垂直行业知识图谱与定制化跨部门协作框架,为企业带来前所未有的效率提升与成本优化。

在品牌形象设计这一特定领域,Manus的应用更展现出其独特的价值。它不仅能够精准捕捉品牌的核心价值,辅助设计师创造出既符合市场趋势又能彰显品牌个性的视觉形象,还能通过数据分析与用户反馈,持续优化品牌形象,确保品牌在激烈的市场竞争中保持领先地位。因此,本章将深入探讨Manus在品牌形象设计中的应用,揭示其如何成为企业品牌塑造的得力助手。

9.1 品牌形象设计的价值

在当下竞争激烈的商业环境中，品牌形象早已从可选项升级为企业生存与发展的战略支柱。无论是全球化的跨国集团，还是专注细分领域的初创企业，清晰而富有吸引力的品牌形象能在潜移默化中影响消费者认知及其决策行为，若设计得当，品牌形象不仅能提升企业的市场辨识度，更可凝聚内外部共识，助力企业发展。

在构建品牌形象的过程中，许多企业会面临以下难题。

◎ **定位不明确**：企业试图兼顾科技感与人文关怀，但视觉表达与文案缺乏协同性，导致品牌核心信息难以准确传达。

◎ **缺乏连贯性**：官网主色调、PPT图标、宣传海报风格等未遵循统一规范，各环节各自为政，导致消费者对品牌的认知模糊。

◎ **难以迭代**：品牌构建初期缺乏系统性的规划，后期调整易引发连锁性适配问题，导致品牌形象升级困难。

◎ **资源不足**：许多中小型企业常受限于设计人才缺失与预算紧张，无法构建标准化品牌形象。

在此背景下，以Manus为代表的AI代理，凭借多智能体协作与自动化工具调用能力，为品牌形象设计带来重大变革：通过智能分析工具梳理品牌定位和相关案例，生成行业标杆范例；同时通过调用自动化工具批量输出风格统一的视觉识别系统（VI）符号，可以低成本地完成高质量的品牌形象设计工作。

品牌的概念源自古挪威语Brandr，原指在家畜或木桶上烙印的标记，用以识别拥有者，后延伸为商品识别符号。在当代商业语境中，其内涵已演化为企业在消费者心中构建的认知综合体——包含价值主张、风格调性、文化认同、品质承诺等多维感知。换言之，现代的"品牌"早已不仅是一枚商标或Logo，而是一个综合象征——消费者通过对品牌的联想，形成对该企业或产品的认识与信任。

而"形象"在设计领域通常指"通过视觉、听觉等方式使受众形成的整体认知与感觉"。品牌形象设计，便是通过有意识、有策略的视觉体系构建（涵盖色彩系统、图形语言、版式规范等）将企业的核心竞争要素转化为可感知、可传播的符号系统。其主要作用如下。

◎ **提升辨识度**：在同质化日益严重的市场环境中，一个鲜明且统一的品牌形象更容易让企业脱颖而出，让消费者快速建立差异化认知。

◎ **搭建情感链接**：通过美学设计与叙事策略构建情感共鸣，培养消费者的品牌忠诚度。

◎ **强化信任**：统一的跨媒介视觉规范可降低消费者认知成本，提升对品牌的信任度。

◎ **品牌资产延伸**：良好的品牌形象可以为新产品或新业务背书，提升市场接受度。

◎ **传递企业价值观**：品牌形象作为具象化载体，可有效传递企业的价值观。

一个成熟且有辨识度的品牌，往往并不依赖某一个单一符号，而是通过一系列视觉与语言设计，让消费者建立起统一且稳定的认知印象。通常而言，品牌形象包含以下几个关键要素。

◎ **Logo**：品牌最核心的识别符号。

◎ **色彩**：包含1～3个主色与衍生辅助色，建立跨媒介色彩规范。

◎ **字体**：涵盖标题字、正文字、数字等，能够为最终呈现风格定下基调。

◎ **排版**：在海报、PPT和网页中合理安排图文位置、留白比例等。

◎ **图标与插画**：包括功能性图标与氛围感插画，适应数字化传播需求。
◎ **影像风格**：统一的影像风格、视频制作标准。
◎ **声音标识**：设计品牌特有的音频标识（如 Mac 开机声）。
◎ **文案**：营销文案、社交媒体文案等语言风格保持一致。

9.2 品牌形象设计流程

企业品牌形象设计流程如下。

◎ **调研与定位**：了解企业定位、产品优势、目标受众及竞争格局。
◎ **品牌策略规划**：确定品牌核心价值、愿景使命、市场定位与调性。
◎ **确定关键要素**：根据策略规划，确定品牌 Logo、色彩系统、字体与版式框架等关键要素。
◎ **多场景应用**：将上述要素运用到官网、产品包装、名片、广告等场景。
◎ **迭代与管理**：随着公司发展或外部环境变化，品牌形象需定期更新、优化，但核心元素要保持一致。

在此过程中，最耗时的往往是设计方案选择与反复审核，这正是 Manus 等 AI 代理可大幅提升效率的环节——只要输入需求与风格要求，AI 代理便能快速生成大批设计方案供用户选择，并自动检查兼容性，减少相关工作人员的工作量。

本章案例假设一个场景：假设公司官网地址为 https://techcrunch.com，现需要根据官网的设计风格和视觉语言，设计一组适合应用在 PPT 里的品牌图标。作为一个科技媒体网站，其特征是鲜艳的绿色+黑白配色、大胆粗体文字，以及简洁、现代化的整体布局，设计图标时需匹配这种科技感特质，同时确保视觉系统在跨媒介场景中的统一性。

9.3 使用 Manus 为品牌设计图标

下面我们结合日志，看看 Manus 如何实现品牌图标的设计。

先发送任务指令，Manus 在响应时表示会先查看网站并提取关键设计元素，如图 9-1 所示。

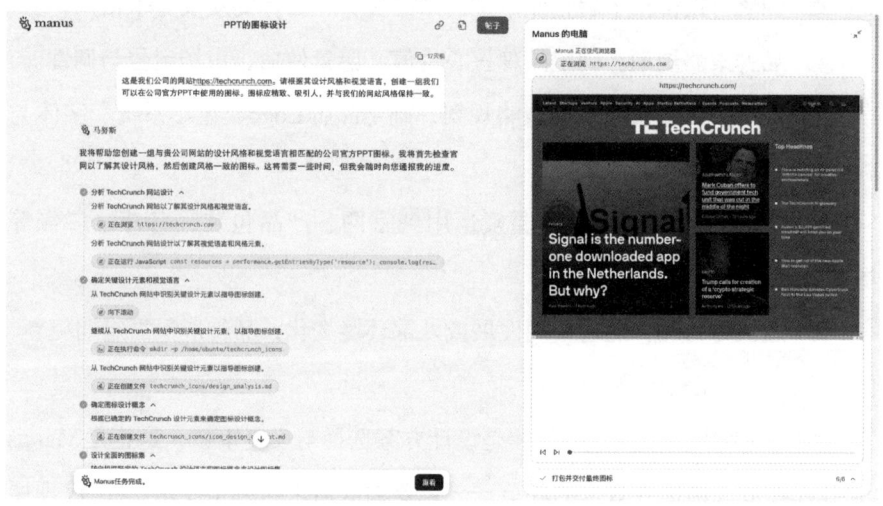

图 9-1　向 Manus 发送任务指令

在对 TechCrunch 网站进行分析时，Manus 展现出了其在读取网页与识别设计元素方面的能力。通过对页面进行自动解析，Manus 能够迅速提取出该网站的设计风格和视觉语言特征，运行日志如图 9-2 所示，随后分条列出具体特征。

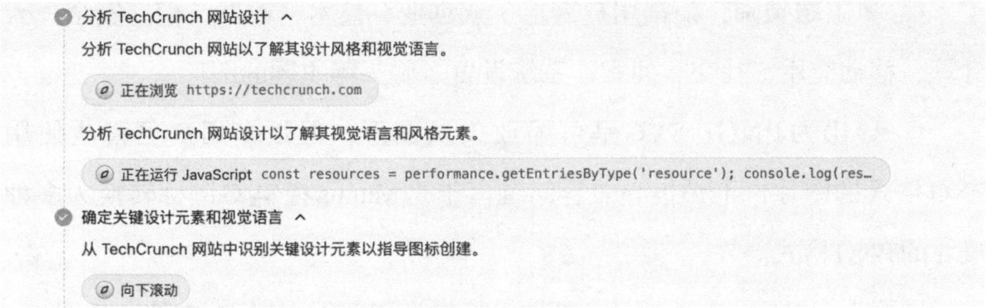

```
● 分析 TechCrunch 网站设计 ∧
  分析 TechCrunch 网站以了解其设计风格和视觉语言。
    ⌬ 正在浏览 https://techcrunch.com
  分析 TechCrunch 网站设计以了解其视觉语言和风格元素。
    ⌬ 正在运行 JavaScript const resources = performance.getEntriesByType('resource'); console.log(res…
● 确定关键设计元素和视觉语言 ∧
  从 TechCrunch 网站中识别关键设计元素以指导图标创建。
    ⌬ 向下滚动
```

图 9-2　Manus 识别网站设计风格和视觉语言特征

◎ **界面布局**：TechCrunch 以黑、白、绿为主色调，整体设计简洁，富有科技感。

◎ **字体选择**：采用较粗、醒目的英文字体。

◎ **图形元素**：多用矩形、圆角矩形、扁平化按钮等图形元素。

◎ **品牌色**：以绿色作为品牌色。

分析出具体特征后，Manus 便开始设计与其匹配的图标，其部分运行日志如图 9-3 所示。

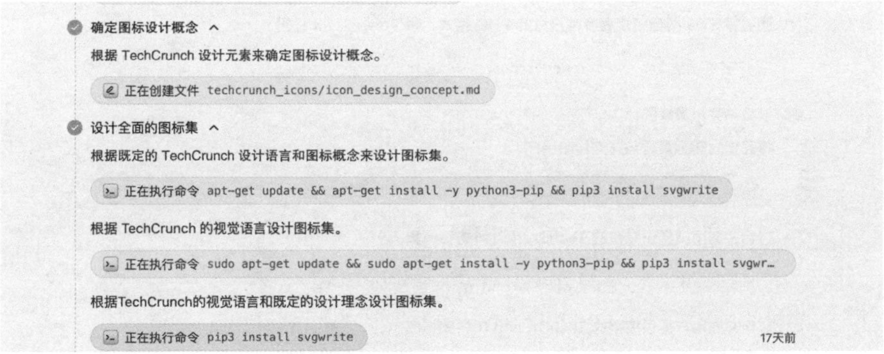

```
● 确定图标设计概念 ∧
  根据 TechCrunch 设计元素来确定图标设计概念。
    ⌬ 正在创建文件 techcrunch_icons/icon_design_concept.md
● 设计全面的图标集 ∧
  根据既定的 TechCrunch 设计语言和图标概念来设计图标集。
    ⌬ 正在执行命令 apt-get update && apt-get install -y python3-pip && pip3 install svgwrite
  根据 TechCrunch 的视觉语言设计图标集。
    ⌬ 正在执行命令 sudo apt-get update && sudo apt-get install -y python3-pip && pip3 install svgwr…
  根据TechCrunch的视觉语言和既定的设计理念设计图标集。
    ⌬ 正在执行命令 pip3 install svgwrite                                           17天前
```

图 9-3　Manus 运行日志 1

从日志中可以看出，Manus 正在执行如下任务。

◎ **生成SVG图标**：用 Python 脚本或 AI 矢量工具设定图标的颜色参数和线条样式。

◎ **多主题类别**：根据用户需求生成创业、技术、数据、AI、安全、云计算、移动应用、社交、搜索、系统设置、聊天等主题的图标。

◎ **导出为PNG**：SVG是可缩放矢量图形，但很多用户更喜欢使用PNG格式的图片，不必担心兼容问题，于是Manus将SVG图标转换为多种尺寸的PNG格式。

图标生成之后，Manus把全部图标打包为ZIP格式的压缩文件，如图9-4所示，并添加了PPT使用指南，告诉用户如何将图标插入PPT、如何调整图标的颜色和大小、如何保持PPT与网站风格的一致等。

图9-4　Manus运行日志2

压缩文件中的所有文件如图9-5所示。用户可在PPT中直接使用。

∨ png	今天 上午 10:12	--	文件夹
∨ 64	今天 上午 10:12	--	文件夹
ai.png	02/03/25 下午 3:05	1 KB	PNG 图像
chat.png	02/03/25 下午 3:05	1 KB	PNG 图像
cloud.png	02/03/25 下午 3:05	954 字节	PNG 图像
data.png	02/03/25 下午 3:05	1 KB	PNG 图像
mobile.png	02/03/25 下午 3:05	751 字节	PNG 图像
search.png	02/03/25 下午 3:05	1 KB	PNG 图像
security.png	02/03/25 下午 3:05	2 KB	PNG 图像
settings.png	02/03/25 下午 3:05	1 KB	PNG 图像
social.png	02/03/25 下午 3:05	2 KB	PNG 图像
startup.png	02/03/25 下午 3:05	893 字节	PNG 图像
tech.png	02/03/25 下午 3:05	642 字节	PNG 图像
∨ 128	今天 上午 10:12	--	文件夹
ai.png	02/03/25 下午 3:05	3 KB	PNG 图像
chat.png	02/03/25 下午 3:05	2 KB	PNG 图像
cloud.png	02/03/25 下午 3:05	2 KB	PNG 图像
data.png	02/03/25 下午 3:05	3 KB	PNG 图像
mobile.png	02/03/25 下午 3:05	1 KB	PNG 图像
search.png	02/03/25 下午 3:05	3 KB	PNG 图像
security.png	02/03/25 下午 3:05	3 KB	PNG 图像
settings.png	02/03/25 下午 3:05	3 KB	PNG 图像
social.png	02/03/25 下午 3:05	3 KB	PNG 图像
startup.png	02/03/25 下午 3:05	2 KB	PNG 图像
tech.png	02/03/25 下午 3:05	1 KB	PNG 图像
∨ 256	今天 上午 10:12	--	文件夹
ai.png	02/03/25 下午 3:05	7 KB	PNG 图像
chat.png	02/03/25 下午 3:05	4 KB	PNG 图像
cloud.png	02/03/25 下午 3:05	4 KB	PNG 图像
data.png	02/03/25 下午 3:05	5 KB	PNG 图像
mobile.png	02/03/25 下午 3:05	3 KB	PNG 图像
search.png	02/03/25 下午 3:05	6 KB	PNG 图像
security.png	02/03/25 下午 3:05	7 KB	PNG 图像
settings.png	02/03/25 下午 3:05	6 KB	PNG 图像
social.png	02/03/25 下午 3:05	8 KB	PNG 图像
startup.png	02/03/25 下午 3:05	4 KB	PNG 图像

图 9-5　Manus 生成的图标集

9.4　图标与品牌形象的融合

只生成图标，对企业品牌设计而言还远远不够，还需要保证企业官网、员工名片、宣传海报、App 图标等形成统一的体系，Manus 同样可为这些载体生成相应的素材。

一般来说，在企业品牌设计中，需要制作 VI 手册或品牌指导方针（Brand Guidelines），规定 Logo 的比例与最小尺寸、品牌主色和辅助色的 RGB/CMYK 值、建议或禁止的背景搭配、字体与排版规范、图标使用方式（线宽、形状、留白、不可拉伸扭曲）等。Manus 可自动生成 VI 手册初稿，由品牌经理或设计负责人审议后发布。

当所有对外展示平台或宣传载体（官网、App、公众号、线下海报等）都使用同一风格时，就能强化用户感知：只要一看这种绿+黑+几何图标的设计，用户便想到TechCrunch，这能够极大地提升品牌价值，有利于后续营销推广。

Manus生成的VI手册初稿中的图标集描述如图9-6所示。

图9-6　Manus生成的图标集描述

9.5 Manus在品牌形象设计中的更多应用

因篇幅有限，本章只简单介绍Manus在图标设计中的应用，但实际上，它可以拓展到品牌形象设计的更多环节。

（1）视觉风格探索与草图生成

在品牌设计初期，Manus可一次性生成几十到上百个Logo、色彩方案或UI界面草图，供团队快速确定设计方向。

（2）智能配色与色彩检验

确立品牌主色后，Manus可自动匹配次级配色，还可对配色进行可行性检测（校验文本与背景对比度等），并提供色觉障碍者友好设计建议。

（3）广告与海报文案生成

Manus可以自动生成符合品牌调性的广告文案、社交媒体文案及产品介绍，从而保持跨媒介文案风格的统一性。

（4）动态/交互元素确定

Manus可通过编码代理操作Adobe After Effects或Lottie自动生成分镜或动画草稿，从而辅助设计团队确定动态/交互元素。

（5）全球化视觉适配

对于跨国品牌，Manus可自动完成多语言版本的图文排版优化、文化符号替换，进而极大地简化国际化企业的品牌形象设计流程。

Manus能够极大地提升品牌形象设计效率，但它并非万能，在利用Manus进行设计时，还有以下事项需要注意。

（1）人机协同：AI代理助力，设计师把关

Manus可在品牌形象设计中承担基础设计方案输出和规范性校验工作，但其生成的设计方案仍需人类设计师确认并进行微调。在整个过程中，设计师扮演着不可或缺的"审美创意决策"角色，毕竟品牌形象关乎企业"气质"，部分特质需依赖人类设计师对企业文化与市场趋势的洞察才能确定。

（2）统一风格的长期维护

品牌形象一旦确立，就需要建立严格的规范，使企业各方面的相关物料都严格与品牌形象匹配。Manus能自动扫描全渠道物料，检测色彩是否存在误差、字体使用是否违规等，对于不合规的文件，可以自动给出修改建议，但后续修改需由人类设计师完成。

（3）风险与局限

Manus生成的图标需进行原创性审查，避免与既有设计冲突；对于品牌尚未发布的市场策略或机密资料，需要在私有化部署的环境中使用Manus，以保障信息安全。除此之外，Manus只能根据具有鲜明风格的网站等提取其品牌特征，如果一家企业的网站缺乏设计规范，就需要人工介入，通过任务指令的方式告知Manus品牌形象设计方向。

9.6 本章小结

通过本章案例，读者可以了解Manus赋能品牌形象设计的基本流程。在信息爆炸的现代商业环境中，品牌形象已经逐渐成为企业成功的基石，通过构建统一的视觉表达，能够让目标受众快速识别并牢记本企业的品牌特质。传统的品牌形象设计方法会耗费大量的时间和人力成本，以Manus为代表的AI代理的出现，为品牌形象设计带来了效率提升与创意拓展的双重突破。

当然，"AI并不完美"这一点必须再次强调——只有建立"人类创意指导+AI工具执行+审校机制保障"的三元协同模式，才能确保设计出的品牌形象具有独特调性与高品质。随着AI技术的持续迭代，未来的品牌形象设计在创意呈现与设计效率两个维度还将迎来更大飞跃，助力企业在激烈的市场竞争中更快、更精准地提升品牌知名度，持续提升品牌价值。

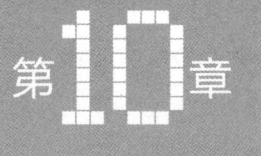

第10章 提升网店销量

在电商时代,提升店铺销量已经不能单纯依赖促销、流量采买等粗放式运营手段,而是需要向数据驱动与精细化运营转型。面对激烈的市场竞争和专业度日益提升的消费者,商家需突破传统货架思维,通过多渠道数据整合与策略拆解实现运营升级。

本章将以亚马逊店铺销量提升为例,结合Manus在数据采集、数据可视化等方面的强大能力,完整演示如何借助Manus实现从基础销售向店铺智能运营转型。

10.1 Manus 在电商领域的应用价值

以 Manus 为代表的 AI 代理在电商领域的应用价值如下。

◎ **节省人力与时间**：针对大型店铺，商品数量及交易量都极其庞大，人工核对相关数据效率非常低，而 Manus 可实现分钟级全量数据清洗与校准，极大地节省人力与时间。

◎ **提供更高维度洞察**：在电商运营中，Manus 能够通过多维度交叉分析快速找出隐性规律，如某产品周末销量走高、特定时段折扣效果更佳等。

◎ **自动化策略执行**：Manus 不仅能生成报告，还能自动执行部分任务（如批量调价、广告竞价、库存补货提醒等），实现"策略生成—执行"的闭环。

在提升店铺销量方面，Manus 不仅能提供数据支撑的运营策略，随着技术的不断迭代，未来还能自动执行 Listing 优化、广告策略调试、优惠券自动发放等任务，在效率与准确性两方面带来翻倍提升。

在前面章节中，我们介绍过 Manus 的架构，具体到电商领域，Manus 可自动完成如下工作。

◎ **数据导入**：解析 Excel/CSV 等格式的销售数据文件，完成数据的初步清洗和预处理。

◎ **可视化输出**：使用自带的或调用第三方的可视化工具，实时生成销售趋势、品类结构等交互式仪表板。

◎ **提炼关键指标**：通过数据模式和统计分析，智能识别异常数据、关键指标并关联行业知识图谱进行异常归因。

◎ **具体方案生成**：根据商家目标（如下个月销售额提升10%），针对定价、促销、库存、运营节奏等问题提供针对性强的可执行方案。

区别于传统分析工具，Manus 更像一位拥有丰富商业经验的智能顾问，能够迅速理解商家需求并交付可执行方案。

在当前的电商生态中,平台竞争呈白热化态势。无论是国内的淘宝、京东等平台,还是跨境电商巨头亚马逊,都存在商家数量庞大、产品同质化严重、消费者购买决策更加谨慎等挑战,在这种情况下,差异化不够明显的产品或品牌,很难突破搜索结果页的算法筛选或在 Buy Box 中占得先机,且消费者对品牌的忠诚度正在逐年下降,如果店铺无法持续提供有竞争力的价格、服务与购物体验,客户很快就会流失。

随着电商平台数据报告与 AI 工具的普及,商家有机会通过多维度数据分析(销售额、订单数、转化率、客单价、退货率、广告花费等)对店铺进行全景诊断,精确定位各环节瓶颈,对症下药,从而在竞争中获得优势。

10.2 利用 Manus 进行电商数据分析

接下来我们通过实例,详细讲解如何利用 Manus 赋能电商运营。

准备好一份亚马逊平台的时尚单品销售数据文件,将数据文件与指令发送给 Manus 后,Manus 会进行指令分析与任务分解,其部分运行日志如图 10-1 所示。

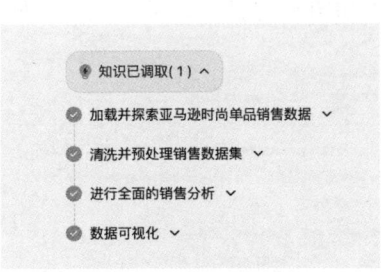

图 10-1　Manus 运行日志 1

Manus 的处理过程如下。

◎ **数据读取**：针对 Excel 数据文件，Manus 自动调用相应的数据处理库（如 openpyxl、Pandas 的 Excel 模块）进行数据处理。

◎ **数据清洗与预处理**：修正数据类型错误、填补缺失值、统一字段命名规则，确保数据质量满足分析需求。

◎ **进行数据分析**：对处理后的数据进行汇总统计（如日销售额、订单量、平均订单价值），并按产品类别、折扣力度、时间维度等进行交叉分析，识别关键趋势与异常波动。

◎ **数据可视化**：绘制每日销售趋势图、周末/工作日转化率对比图、折扣力度-利润率图等交互式图表，直观展示销售概况。

◎ **策略制定**：基于商家目标（如下月销售额提升10%），从促销节奏、客户行为、定价折扣、库存管理等维度，给出详细、可落地的运营策略。

◎ **报告打包输出**：将所有图表、分析结论与运营策略打包成一份结构化报告交付商家审阅。

在实际交互过程中，如果出现文件格式异常或可视化超时等问题，Manus 会通过任务面板给出提示或自动重试。

在本案例中，Manus 先读取用户上传的 Excel 文件，自动识别表格中的列字段，如日期、最小存货单位（SKU）、订单量、销售额、利润、折扣信息等，其部分运行日志如图 10-2 所示。

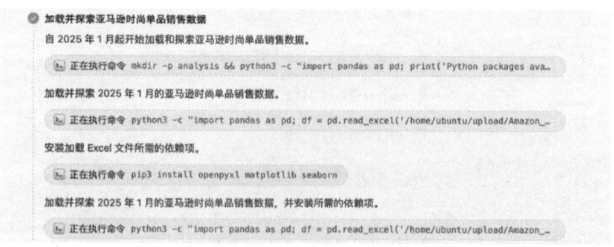

图 10-2　Manus 运行日志 2

数据读取完毕，Manus 会对数据进行清洗，具体如下。

◎ **修复时间格式**：将表格中的 2025-01-×× 文本统一转换为 DateTime 对象。

◎ **处理缺失值**：对无法识别的空白单元格进行前向填充或置 0 处理；对于重要但缺失的字段，Manus 会提醒用户补充。

◎ **数据类型转换**：将数值型字段（销售额、利润、运费等）统一转换为浮点数，以便后续统计。

Manus 部分运行日志如图 10-3 所示。

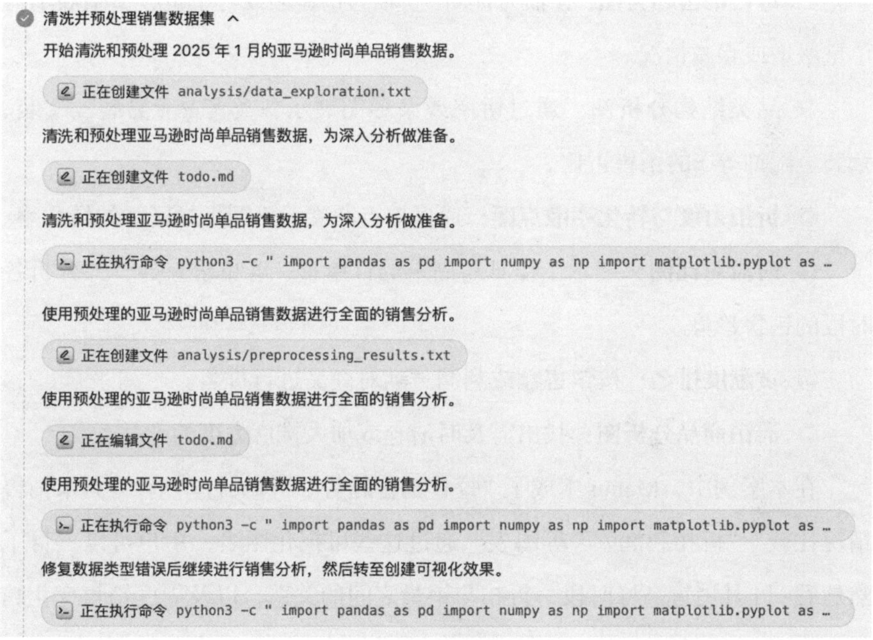

```
清洗并预处理销售数据集  ∧
开始清洗和预处理 2025 年 1 月的亚马逊时尚单品销售数据。
  正在创建文件 analysis/data_exploration.txt
清洗和预处理亚马逊时尚单品销售数据，为深入分析做准备。
  正在创建文件 todo.md
清洗和预处理亚马逊时尚单品销售数据，为深入分析做准备。
  正在执行命令 python3 -c " import pandas as pd import numpy as np import matplotlib.pyplot as …
使用预处理的亚马逊时尚单品销售数据进行全面的销售分析。
  正在创建文件 analysis/preprocessing_results.txt
使用预处理的亚马逊时尚单品销售数据进行全面的销售分析。
  正在编辑文件 todo.md
使用预处理的亚马逊时尚单品销售数据进行全面的销售分析。
  正在执行命令 python3 -c " import pandas as pd import numpy as np import matplotlib.pyplot as …
修复数据类型错误后继续进行销售分析，然后转至创建可视化效果。
  正在执行命令 python3 -c " import pandas as pd import numpy as np import matplotlib.pyplot as …
```

图 10-3　数据预处理

预处理完成后，Manus 会对常见的电商指标进行自动统计，提炼出如下关键指标。

◎ **销售总额**：1 月销售总额。

◎ **订单数**：计算出订单数，结合销售总额可计算客单价与转化率。

◎ **客单价**：计算平均订单价格，初步评估定价与折扣策略效果。

◎ **SKU周转率**：统计单品销售频次与库存动销率。

◎ **利润率**：根据商品成本价与售价计算整体利润率与单品盈利水平。

◎ **时段分析**：按天、周甚至小时观察销售峰值与低谷。

通过对上述指标进行统计，有助于商家迅速掌握店铺整体经营状况，并为后续的深度分析奠定基础。

完成数据分析后，Manus会生成如下几类可视化图表。

◎ **每日销售趋势图**：X轴为日期，Y轴为销售额或订单量，清晰展示订单量激增或骤减情况。

◎ **品类结构分析图**：通过饼图或条形图展示各类产品（男装、女装、童装、配饰等）的销售占比。

◎ **折扣力度与转化率散点图**：通过散点图展示不同折扣区间的转化率。

◎ **时段对比图**：展示工作日与周末的订单量、客单价差异，并分析各时段的销售趋势。

◎ **贡献度排名**：按销售额或利润贡献对商品进行排名。

◎ **滞销商品分析图**：找出需及时清仓或加大推广力度的产品。

在本案例中，Manus生成了"每日销售趋势""每天订单量""周末销售情况比较""折扣利润率"等图表。通过这些可视化图表，用户可以一目了然地看到1月销售高峰时段、折扣与销量之间的关系，以及周度销售变化趋势，如图10-4所示。

Manus不仅生成了图表，还总结出若干关键洞察点并将其写入报告，如图10-5所示。

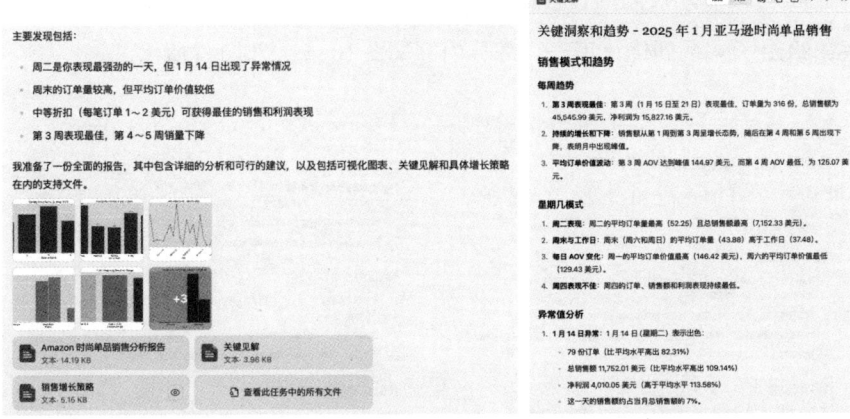

图 10-4　Manus 生成的图表　　　图 10-5　Manus 生成报告

报告的核心结论如下。

◎ **周二销量激增**：数据显示，周二（尤其是 2025 年 1 月 14 日）订单量显著高于其他工作日，这可能是该日开展了特别促销、独家活动，或与节日效应相关。

◎ **周末订单量虽高，但客单价略低**：总体而言，周末订单量较大，但平均客单价比工作日低，用户可以通过定向优惠或搭配套餐提高周末客单价。

◎ **中等折扣效果最佳**：1～2 美元／单的折扣力度可实现销量与利润的最佳平衡。过高折扣会导致利润骤降，过低折扣则难以刺激转化。

◎ **月末销售疲软**：2025 年 1 月第 3 周为销售峰值，第 4～5 周销量下滑，可能与消费周期接近尾声或广告投放减少有关，需加强月末促销。

◎ **较高利润率与较低转化率并存**：部分产品利润率高，但缺乏足够曝光或流量支持；普通产品转化较高但利润微薄，需要针对不同产品进行差异化营销。

这些核心洞察为商家制定针对性策略提供了依据，也充分体现了 Manus 在多维度指标分析中的敏锐性。

此案例中，我们的目标是"下月销售额提升10%"，Manus结合上述洞察，给出了一系列优化策略，部分内容如图10-6、图10-7所示。

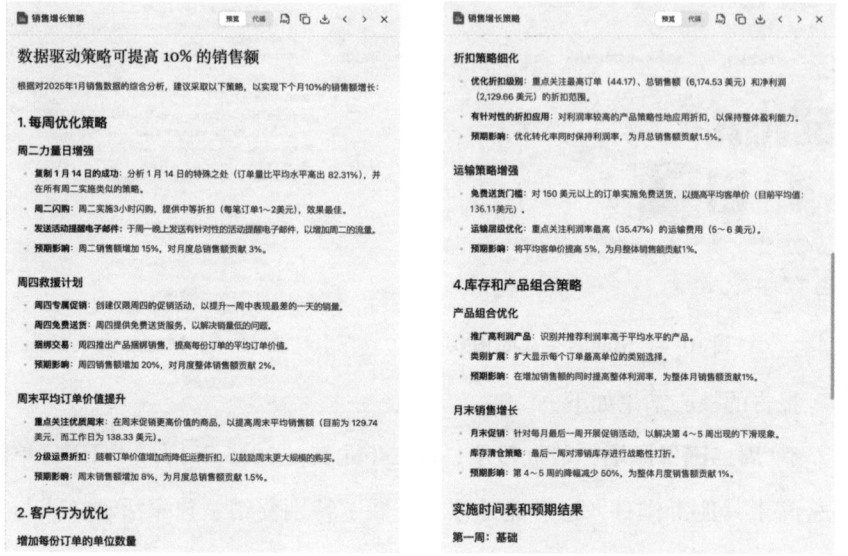

图10-6　销售优化策略1　　　　图10-7　销售优化策略2

经Manus测算，若完整执行上述策略，可在下个月实现14%左右的销售增长，超过既定目标10%。

10.3　Manus 与电商业务的适配性及展望

传统运营方式商家往往要花费数小时处理Excel数据、制作图表、制定并优化运营策略。而Manus可实现全流程自动化，其优势如下。

◎ **分钟级数据处理能力**：自动完成数据导入、清洗、可视化。

◎ **营销策略适配**：基于行业经验和算法模型输出可行策略，并根据店铺的定位自动微调营销节奏。

◎ **高度灵活的参数配置：** 商家可根据需求灵活调整折扣区间、免费送货门槛等关键参数。

Manus的多轮交互模式支持用户在分析过程中保留决策权并进行策略迭代。它并非只是提供抽象的数据报告，而是基于用户给出的数据生成具体的落地方案。

除了亚马逊店铺销售数据分析，Manus同样适用于以下电商场景。

◎ **跨境电商推广：** 支持多语言数据清洗、多货币汇率换算，辅助商家进行海外推广。

◎ **库存预测：** 基于历史销量与季节性波动，帮助商家进行安全库存及补货时机预测。

◎ **新品上市策划：** 根据市场趋势与消费者行为数据，辅助商家进行新品定价、上市节点确定及营销预算预测。

◎ **客户分层运营：** 通过深度分析用户购买行为，生成精准的会员分层权益方案。

随着AI技术和电商生态的不断成熟，像Manus这样的"行动型AI代理"势必在电商行业扮演更加重要的角色，帮助商家在激烈的市场竞争中抢占先机。Manus的跨平台信息整合能力可同步亚马逊、eBay、Shopify等渠道的数据，动态分析哪些渠道转化率高、哪些产品更适合独立站；可统一库存管理，避免亚马逊缺货时其他平台库存积压；统一品牌形象与特殊时段促销策略（如双十一、黑五等）。

在大型电商团队中，有许多子任务（如广告投放、库存管理、客服沟通、财务对账等）可交由Manus处理，使内部数据流自动运转，无须人工重复上传Excel文件或下载报表。

对于同时经营线上平台与线下门店的品牌，Manus可整合线上线下数据，统一管理客户档案（如消费者是线下门店会员，则线上可同步享受优惠），实现全渠道库存、销售、会员管理互通，使销量提升更具规模性与长期性。

在进行电商数据分析的时候，Manus偶尔会遇到一些问题，如图10-8所示，相应的原因及解决方案如下。

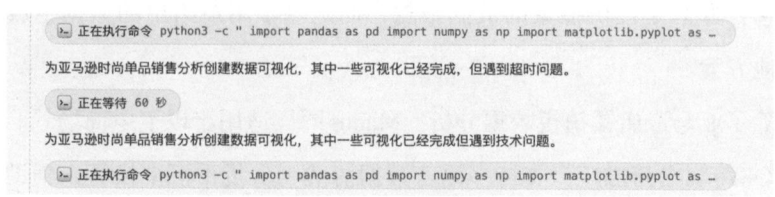

图 10-8 Manus 报错

◎ 在生成某些图表时可能会出现超时或技术故障，需在云端延长可视化渲染的时长或进行分布式处理。

◎ 上传Excel文件时，如涉及敏感数据，要完善账号权限分级机制和云端存储加密，同时做好本地备份与数据脱敏工作。

◎ 若商家有多个站点或多语言市场的数据，需要Manus同步导入并进行跨市场对比，这时需要进行额外的配置与数据整合。

10.4 本章小结

本章以亚马逊店铺销售数据分析为例，介绍了Manus在电商业务数据分析与策略生成中的通用性和高效率。对于依赖人工运营的小微商家，借助Manus等AI代理，可以在销售数据分析与策略制定上快速提升至更精细的水准，不必投入大量人力或进行复杂培训。只要完成数据源授权与权限配置，就能让AI代理成为"首席数据官"。大中型企业也可将Manus应用到多平台、多业务协作中，构建体系化"智能运营大脑"。

第11章 垂直搜索AI解决方案检索

在当今高度竞争的零售市场中,时尚行业正面临着日益复杂的挑战。

◆ 商品数量爆炸式增长:每天都有大量新品牌、新款式商品涌入市场。

◆ 需求高度分化:消费者对商品的款式、风格、材质、价格区间等维度的偏好各不相同。

◆ 更新频率极快:上新周期压缩至周度,库存周转极快。

◆ 跨渠道管理难度大:线下门店、线上电商、社交媒体直播带货等同步管理难度大。

在此背景下,传统的搜索与推荐方式往往难以满足相关企业日益个性化、多样化的商品展示与推荐需求。因此,能够理解产品特征、消费者意图,并提供高度匹配的搜索结果的垂直搜索AI解决方案应运而生,成为时尚行业数字化转型的重要驱动力。

11.1 时尚行业垂直搜索 AI 解决方案

垂直搜索简单来说就是聚焦某一特定领域（如时尚、电商、房产、旅游）进行专业化信息搜索与推荐。在数字时代，时尚行业持续经历着线上转型、全球化与消费群体多元化的深刻变革，消费者越来越期望能借助视觉搜索、智能推荐等方式快速找到想要的商品。

Manus 作为一款通用型 AI 代理，能够执行复杂的市场调研、自动化工具调用、深度对比分析等任务，在时尚行业的垂直搜索领域，不仅能系统地梳理各品牌商品特性，而且可以结合行业价值链、定价模式等要素，为时尚品牌或电商平台提供定制化解决方案。

在时尚行业，AI 在垂直搜索中的应用场景如下。

◎ 消费者拍摄或上传商品照片，AI 能即时检索到相似款式或同款产品。

◎ AI 可自动给商品打上标签（如"圆领""牛仔""碎花"），从而提升搜索精度。

◎ AI 通过分析消费者的历史行为、消费偏好或社交媒体数据，自动推荐他们感兴趣的新品或搭配。

◎ AI 能够理解消费者输入的长语句（如"我想找一条适合海边婚礼的粉色连衣裙"），并给出符合要求的结果。

◎ AI 能够整合电商、线下门店、社交媒体平台的相关数据，让消费者在任一触点都能获得一致的搜索体验。

11.2 检索时尚行业垂直搜索相关厂商

接下来通过实际案例演示 Manus 在垂直搜索 AI 解决方案检索中的重要应用。发送任务指令，如图 11-1 所示，查询时尚行业有哪些垂直搜索 AI 解决方案。

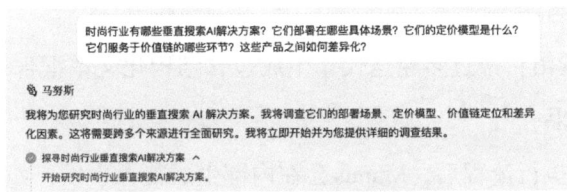

图 11-1 向 Manus 发送任务指令

接收到任务指令后，Manus 迅速进行任务拆解并列出收集到的相关信息，如图 11-2 所示。

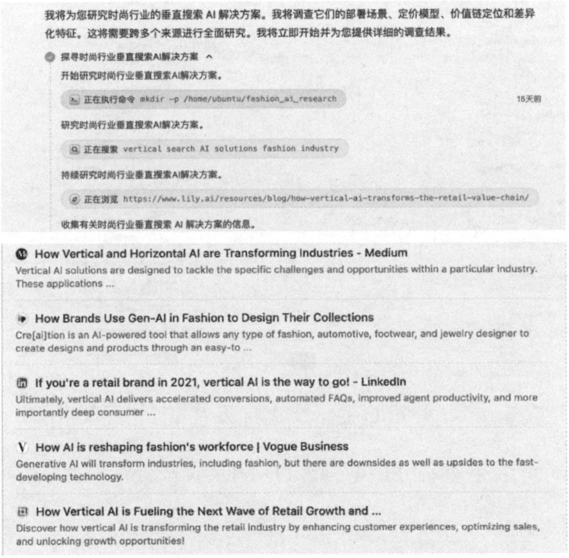

图 11-2 Manus 进行任务拆解

Manus 的任务执行流程如下。

◎ **信息收集**：确定要搜索哪些公开资源（企业官网、媒体报道、行业报告）并调用浏览器或文档解析工具进行数据抓取。

◎ **框架构建**：基于时尚领域的知识库，建立部署场景、定价模型、价值链定位及差异化特征四大评估维度。

◎ **数据挖掘**：编码代理通过编写脚本抓取关键信息，完成跨平台数据的自动化清洗与验证。

◎ **成果输出**：经过多轮迭代，生成包含结构化文本报告、可视化图表的综合研究成果

确定任务执行流程后，Manus 会在内部生成待办事项，如图 11-3 所示，并开始按顺序执行相应任务。

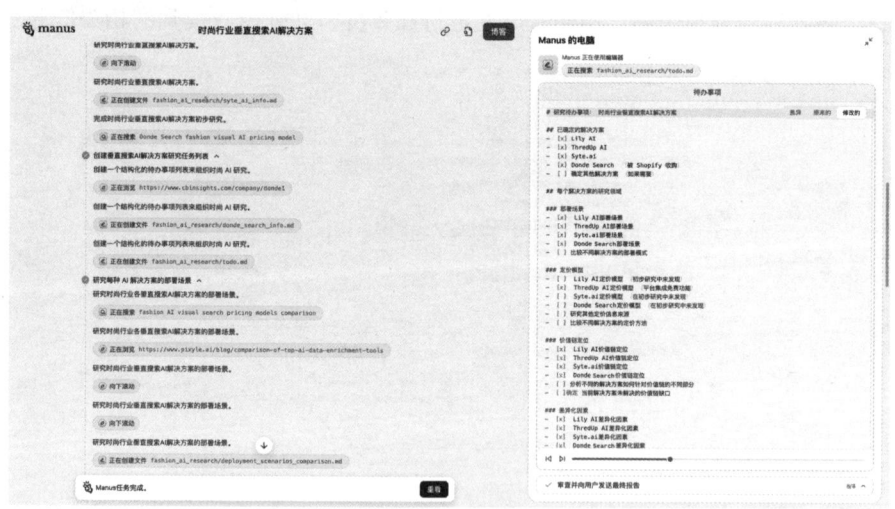

图 11-3　生成待办事项

Manus 的调研结果如图 11-4、图 11-5 所示。

第 11 章 垂直搜索 AI 解决方案检索

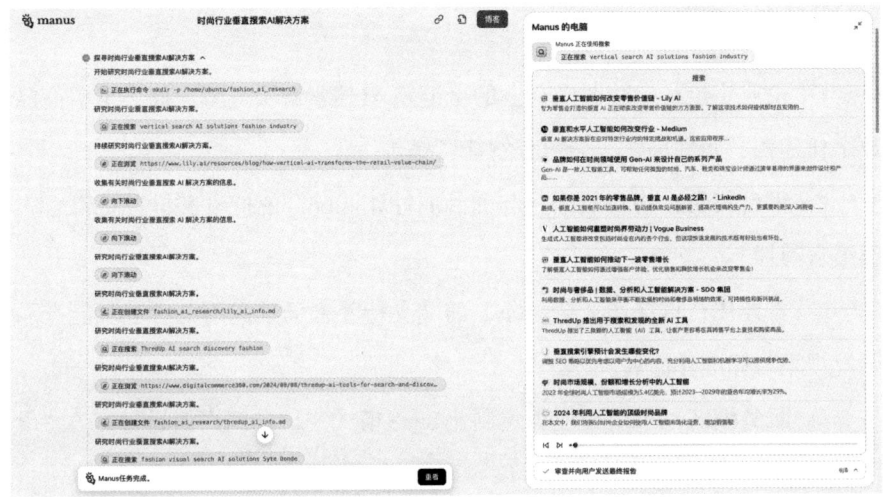

图 11-4　Manus 调研结果 1

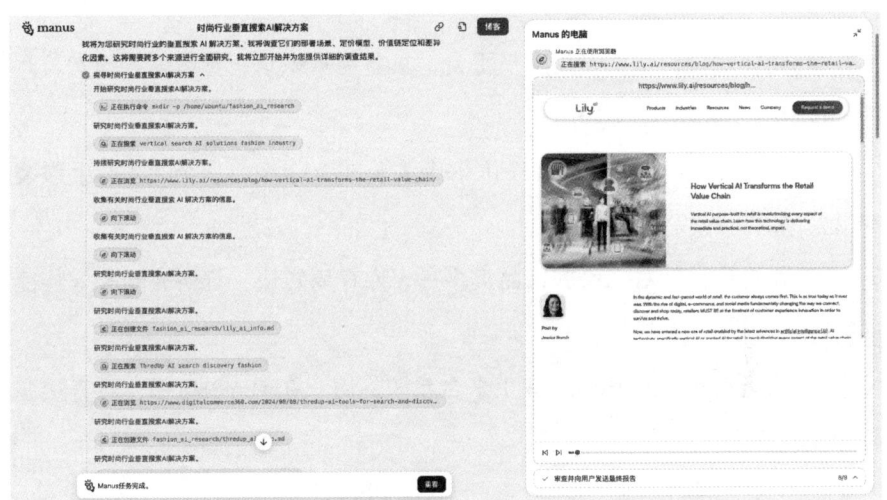

图 11-5　Manus 调研结果 2

时尚行业已有多个 AI 搜索解决方案厂商活跃于商场。部分厂商简单介绍如下。

1. Lily AI

◎ **企业定位**：专注时尚行业的全链路AI搜索解决方案厂商，覆盖商品数字化建档、属性标注、全流程智能营销等。

◎ **平台特色**：将自然语言与商品属性相匹配，使搜索和推荐更符合人类语言习惯。

◎ **差异化**：贯穿产业全链条，前端支持零售场景应用，后端赋能产品开发规划与标准化命名。

◎ **服务模式**：采用企业级定制化SaaS模式定价，用户需通过官方"申请演示"流程获取报价。

2. ThredUp AI

◎ **企业定位**：二手时尚交易平台，具备视觉识别、自然语言搜索与对话式推荐等功能。

◎ **平台特色**：支持C2C（个人—个人）、B2C（企业—个人）二手服装交易，同时对外提供AI工具。

◎ **差异化**：针对二手服饰品类多样、库存周转快、价格波动大等特征进行算法优化。

◎ **服务模式**：AI功能内嵌于平台系统，用户在ThredUp平台可直接调用相关服务。

3. Syte.ai

◎ **企业定位**：专注视觉识别与个性化推荐的AI搜索解决方案厂商。

◎ **平台特色**：基于图像识别技术，具备拍照搜衣、相似款推荐、智能搭配等功能。

◎ **差异化：** 以中大型时尚零售品牌商、百货商场等为目标客户。

◎ **服务模式：** 提供定制化企业级 SaaS 解决方案，用户可通过其商务团队进行需求对接。

4. Vue.ai

◎ **企业定位：** 专注运营与营销环节优化的 AI 搜索解决方案厂商。

◎ **平台特色：** 具备商品自动化陈列与可视化管理功能。

◎ **差异化：** 多渠道营销自动化，提供全局数据洞察。

◎ **服务模式：** 功能模块＋企业订阅的 B2B SaaS 服务模式。

Manus 会对搜索到的 AI 搜索解决方案提供商进行详细比对，列举出各厂商的特点，部分厂商特点简单介绍如下。

◎ **Lily AI：** 全链路 AI 搜索解决方案厂商，无论是上游产品规划、中游营销推广还是下游搜索推荐，它都能提供有力支持。

◎ **ThredUp AI：** 二手时尚交易平台，用户可直接通过其平台网站或移动应用调用 AI 搜索功能。

◎ **Syte.ai：** 提供可与多个网站对接的视觉搜索 API。

在实际使用过程中，用户可能会发现，Manus 在实际调研中多次出现错误，提示 Syte.ai、Donde Search、Lily AI 等官网都没有明码标价，而是让潜在客户"联系销售"，原因在于相关厂商需要根据客户的规模、访问量、功能模块等进行差异化定价。

从当前市场的整体布局来看，市面上比较知名的厂商都形成了比较明显的差异化定位，如 Lily AI、Syte.ai、Vue.ai 等聚焦零售端，ThredUp AI 更关注二手市场，在设计和生产端尚未形成成熟解决方案，尤其在面料纹样识别、供应链信息检索领域存在缺口。

11.3 方案输出：推荐清单与行业洞见

经过指令分解、搜索调研、信息分析，Manus会输出覆盖时尚行业垂直搜索AI解决方案的行业报告、部署场景、定价模型、价值链定位和差异化特征的详细分析文件（如图11-6所示），并给出建议，如在特定市场（亚洲、欧美）选择本地化水平更高的厂商，或根据企业规模对各大厂商进行对比，从而做出最优选择。

图11-6　Manus生成的时尚行业垂直搜索AI解决方案详细分析文件

总的来说，当一家时尚品牌或电商平台决定引入垂直搜索AI时，Manus可提供全周期支持：在需求调研阶段，协助时尚品牌或电商平台诊断搜索转化率低下、人工标注成本过高等痛点，并通过行业标杆案例辅助对需求进行评估；在厂商评估与谈判环节，采用"一厂商一报表"的逐一对比的方式，重点关注部署难度、定价透明度、API兼容性等关键指标；在验证阶段，Manus可快速搭建测试环境，进行商品图像AI标注试运行，记录检索准确率、召回率、点击转化率等关键指标，自动生成分析报告；在系统集成阶段，可协调企业内部 IT 和运营部门与厂商对接，同时编写脚本进行日常监控，如流量峰值时自动扩容，出现错误时及时报警；在持续运营阶段，通过用户行为数据分析优化标签体系与风格分类，协同客户关系管理系统，为消费者进行个性化推荐。

在这个过程中，Manus 不只是静态的调研工具，更是动态的任务执行助手，能成为企业数字化转型过程中的重要力量。

未来 Manus 不仅能帮时尚企业选定搜索厂商，还可直接调用该厂商的 API 进行搜索，例如，用户上传一张街拍照片，Manus 就可以调用相应厂商提供的视觉识别接口，生成相似商品列表，并投射至虚拟店铺界面，这种图片与商品精准匹配的功能，在未来 2～3 年内或成为行业标配。

当下社交媒体体验分享帖与短视频盛行，使"边看边买"的购物方式成为热潮。Manus 可帮助品牌或创作者将"看图搜商品"功能植入社交 App，自动监测达人、明星穿搭并实时推荐同款。除此之外，Manus 可将视觉识别与自然语言搜索深度结合，消费者可通过自然语言描述+参考图片精准定位目标商品。

11.4 本章小结

时尚行业的垂直搜索 AI 正快速发展，已为零售商、相关平台、消费者带来显著益处，本章介绍了 Manus 在垂直搜索 AI 解决方案检索中的重要应用。垂直搜索 AI 解决方案可有效提升搜索的准确度与用户体验，实现个性化推荐和跨渠道数据整合，有效提高转化率。

然而，目前大多数垂直搜索AI解决方案都集中在零售、消费者体验等后端环节，上游的设计、生产、供应链管理等环节还有巨大的开发潜力。随着可持续时尚理念兴起、二手交易市场扩张和消费模式不断革新，未来的垂直搜索AI将突破单一平台限制，通过与Manus等AI代理深度耦合，使设计研发、原料溯源、生产流通及循环利用等环节都能获得智能支持。

第12章 面试时段智能调度

在学术选拔、企业招聘及项目评审等场景中,面试时段调度是典型的高复杂度任务,如何在短时间内为多位候选人分配面试时间,对很多相关工作人员而言是一个挑战。传统人工排程需在Excel中处理数十甚至数百位候选人的空闲时段数据

若仅靠人工在Excel中查看几十、几百人的可用时段并手动分配,不仅费时,而且很容易出错。利用Manus这类AI助手,可以自动解析候选人可用时段与排程规则,在几分钟内输出一张能满足各方需求的面试时间表。本章将通过一个实际案例,来演示Manus在面试日程安排中的具体应用。

12.1 Manus 在面试日程安排中的应用

假设面试时间为 4 月 13—15 日，每天两场面试，上午一场，下午一场；每位候选人只在其有空的时段安排面试且必须给每位候选人安排一场面试；尽量让每场面试的人数分布均衡。候选人可用于面试的时间汇总在 Excel 表格中，将 Excel 表格与任务指令一起发送给 Manus，Manus 会自动规划好每场面试分别有多少人，如图 12-1 所示。

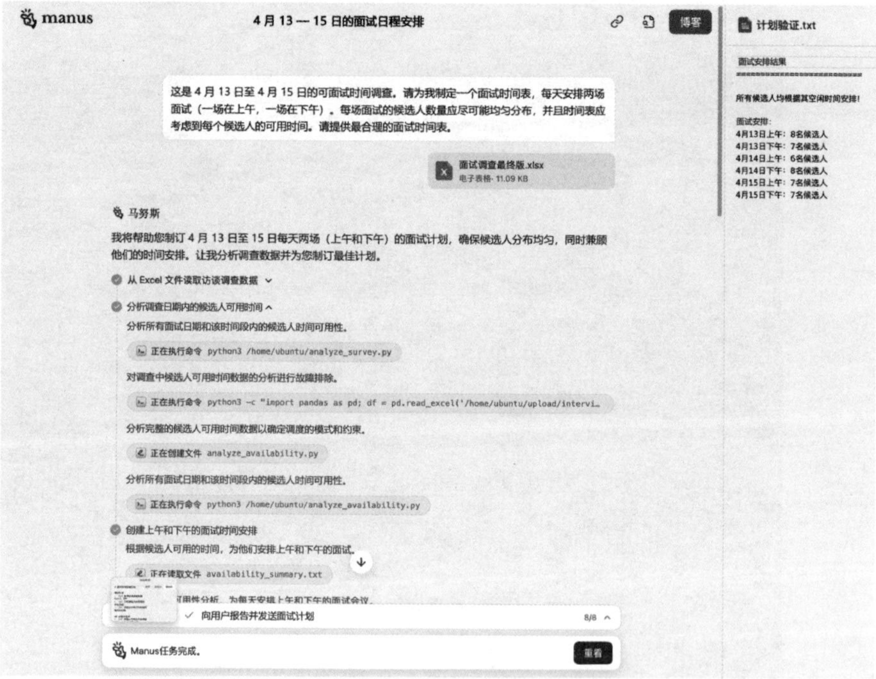

图 12-1　Manus 解析并执行任务

在此，我们通过展示部分 Manus 的详细工作日志来介绍其任务执行过程。

（1）读取并解析Excel

> Manus：我将分析您上传的Excel文件并为每一天安排两场面试（分别是上午与下午），确保每场面试候选人分布均衡且满足面试时间为他们的空闲时间的要求
> 开始读取Excel表格数据
> 读取完成
> 分析候选人空闲时段

（2）排程分配

> 分配候选人到4月13—15日的上午/下午面试
> 尝试分配候选人A到4月13日上午
> 检测到某些冲突/不可用时段
> 正在重新分配
> ……

（3）分配并均衡人数

> 需要确保每场面试最多8人并分布均衡
> 修正候选人B面试时间到4月14日下午，避免4月14日上午面试人数过多
> ……

（4）验证结果

> 正在验证所有候选人的可用时段，无人被安排到自己无法参加的时间

> 检测结果均通过
>
> 生成最终排程

（5）输出

> 我生成了最终面试安排，面试天数为3天，共6场，人数分布：（8、7、6、8、7、7）人次
>
> 以文本、HTML、PNG等格式导出

在上述过程中，Manus的面试安排逻辑简述如下。

◎ **提取可用时段**：从Excel文件中读取每个候选人（A、B、C...）在4月13—15日（上午/下午）共6个时段中的可选性（Yes/No）。

◎ **建立候选人-时段映射**：若某人可参加4月13日上午、4月14日下午和4月15日上午的面试，则在算法里以（人，时段）的样式标注。

◎ **每人必须分配一个时段**：必须每人分配且仅分配到一个时段。

◎ **平衡限制**：如果某时段可用的人数过多，则要"分流"一些到其他空闲时段；如果某时段出现可分配人数不足的情况，也需检测是否有人可挪到此时段。保证每位候选人被分配到其可用时段之一，并让6个时段的人数分布尽量相近。

上述逻辑的执行代码如图12-2所示。我们上传的Excel文件大小约11 KB，Manus推测其中有45位候选人及6个时段（4月13日上午、4月13日下午、4月14日上午、4月14日下午、4月15日上午、4月15日下午）的Yes/No字段。Manus先读取表格，将Excel文件中的数据存为内存数据结构（如DataFrame），并统计每个时段的可面试人数。若出现极端情况（如4月15日下午几乎无人可参加），则在后续分配时提醒"不可分配到此时段"。

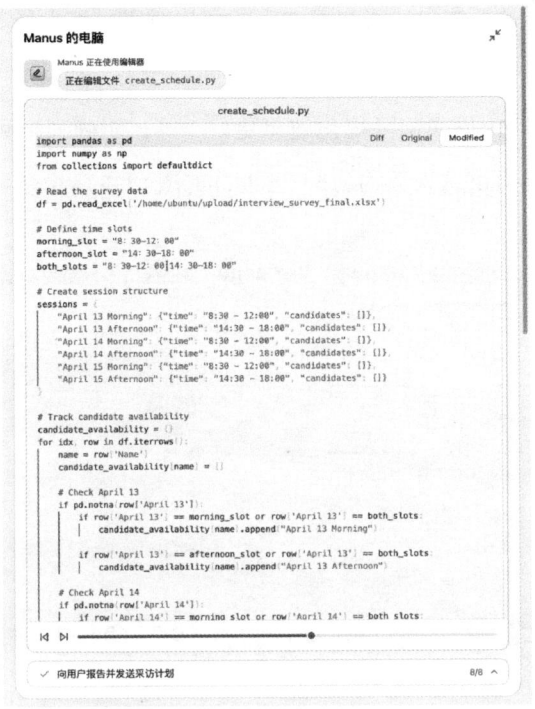

图 12-2　Manus 任务执行代码

Manus 的日志提到如下内容。

> 在考虑候选人的可用时间限制的情况下，将候选人均匀分配到各个面试时段
>
> 修复候选人分配脚本，以处理候选人没有可用面试时间的情况
>
> ……
>
> 根据候选人可用时间分布生成完整的面试安排

Manus 会先尝试给每位候选人安排可用的最优时段，如果检测到某时段人数过多，就把"多出来的人"移到其他可选时段；若还不够平衡，再有针对性地做局部微调。

Manus提示"正在验证所有候选人的可用时段,无人被安排到自己无法参加的时间"后会输出多种格式的面试时间安排表,如文本文档(方便用户快速查阅)、HTML网页(可视化效果更好)等,明确列出哪些人在哪个时段面试,使每场面试的人数均为6~8人,如图12-3所示。

图12-3　Manus输出结果

12.2 优化与验证

若某一时段特别受欢迎,另一时段特别冷门,Manus会把部分有多时段可用的候选人移到冷门时段,这能最大限度地保证分配的合理性和面试效率,也满足每场面试的候选人数量应尽可能均匀分布的要求。在分配完成后,Manus需要做如下时间安排可行性检测。

◎ **有效性:** 每个人只被安排到一个时段,且该时段是候选人的可用时段。

◎ **人数差**：是否满足"均匀分布"的目标，例如，每场面试人数差异不超过2人。

若发现某位候选人完全无可用时段，Manus会在日志中提示"候选人××无可用时间，请人工介入"，此时就要联系候选人约定具体时间或放弃其面试；如果出现时段容量不足的情况，也需人工评估。

Manus输出面试安排后，相关工作人员可一键把生成的HTML网页上传到内部网站，或将图片贴进邮件、文档进行分享。

如果某位候选人突然无法按时到场，相关工作人员需要及时让Manus进行二次排程，在最小变动原则下重新分配各位候选人的面试时间。

另外，本案例中所用的数据是"同一场次中同时进行多人面试"，如果要逐一面试，需要进行更加精细的面试时段安排。

12.3 本章小结

在短短几分钟或几十分钟内，就能完成对数十甚至上百位候选人的面试时间安排，这正是AI助手助力工作效率显著提升的典型案例。未来若要进一步优化面试流程，可以将Manus与考场预约、自动邮件通知、实时冲突检测等功能深度集成，最终达成"零人工干预"的自动化管理目标。

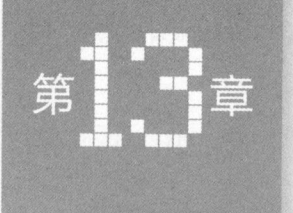

第13章 辅助进行科学研究

科学研究领域的复杂工作流程最能体现AI助手的价值:它需要完成严谨的实验数据收集、海量文献分析、跨学科知识整合等任务,并支撑从提出假设、设计实验、分析数据到成果论证与学术评审的整个研究过程——传统模式下,这些环节往往效率低下且容易出错。

本章我们以"气候变化对下个世纪地球生态和人类社会影响"这一课题为例,讲述Manus在科学研究——特别是跨领域、需要海量数据和文献的综合型课题研究中的应用。

13.1 气候变化研究概览

全球变暖与气候变化被视为21世纪人类面临的最严峻的环境挑战之一，其研究维度涵盖大气化学（温室气体浓度上升）、海洋科学（海平面上升、海洋酸化、洋流变动）、生态学（物种分布、生态退化与生物多样性危机）、社会经济学（粮食安全、公共卫生、地缘冲突）、政治学（国际协议、碳交易、可再生能源投资）等学科，研究者需要整合大量跨学科数据与文献来完成报告或论文。

传统模式下，此类综合研究耗时长达数月乃至数年时间，而且往往是由多位学者合作完成。例如，著名的IPCC（联合国政府间气候变化专门委员会）报告每次更新都需要组织全球逾千名科研人员开展文献评估、模型验证等工作。

在这样的复杂研究中，Manus的文献采集模块可自动完成文献搜集与筛选，如自动检索IPCC技术文本、权威期刊论文及开放数据库等并提炼要点，通过多代理协同，高效完成海洋学数据分析、大气校正模型校准、社会经济影响对比等研究工作并对研究成果进行汇总；数据处理代理可对历史气温、二氧化碳排放、海平面观测等数据进行处理与分析，并生成可视化图表；写作代理可基于处理后的数据和科学论证框架生成初稿，供用户修改完善；最后自动输出图表、结构化结论，方便后期排版或制作PPT进行演示。

本章将通过详细的功能拆解，揭示Manus如何助力科学研究。

13.2 Manus 在科学研究中的具体应用

向 Manus 发送任务指令,让它写一份气候变化研究报告,如图 13-1 所示。

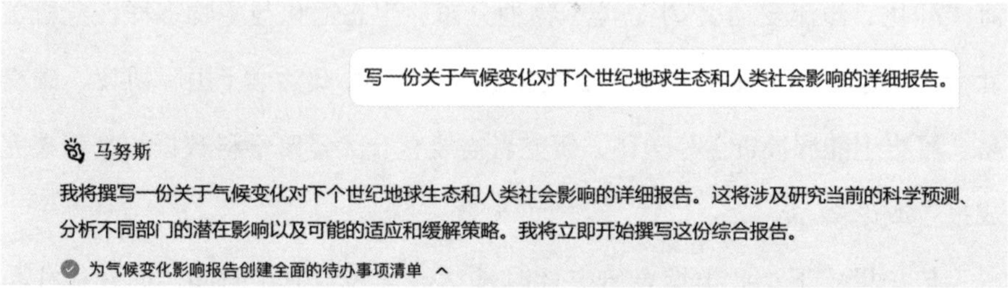

图 13-1 向 Manus 发送指令

收到指令后,Manus 会对任务进行拆解,并将各个步骤记录在日志中,如图 13-2 所示。

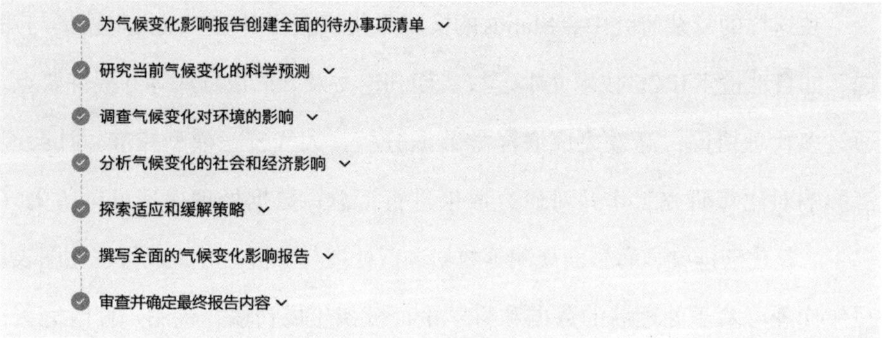

图 13-2 Manus 进行任务拆解

Manus 不仅具备自然语言理解能力,还能通过工具调用对数据进行分析与可视化操作。一些研究的关键环节(如海平面上升速度预测、二氧化碳浓度曲线拟合)往往需要通过 Python 脚本解析 CSV 数据集、拟合气候模型并进行线性或非线性回归分析；绘制折线图、箱线图、散点图等可视化图表，以直观展示相关变化趋势；调用情景模拟引擎基于 RCP（典型浓度路径）、SSP（共享社会经济路径）等情景进行多模型对比，并进行相应数据的敏感性分析。所有运算结果都会自动记录并返回给核心代理，核心代理把所有结果汇总后，形成研究报告初稿。

报告初稿一般包含研究背景、现象说明、影响评估及建议等内容，研究者可以发送"请更深入解释海洋酸化的机制"或"请展开介绍健康影响部分内容"等指令，Manus 会对初稿进行迭代。该过程比传统人工写作更快，但我们需要承担把关与审校的工作，以确保研究成果真实且符合规范。

报告完成后，Manus 会以多格式将其输出，具体如下。

◎ **Markdown 代码/文本版：** 方便用户阅读、编辑。

◎ **PDF 版：** 排版精美，便于提交给审议机构审核。

◎ **HTML 网页版：** 适合对外发布或上传至内部网站供用户浏览。

除了完整的报告，Manus 还会输出可视化附件，如海洋水温曲线图、极地海冰面积衰减示意图等，可单击如图 13-3 所示的"查看此任务中的所有文件"进行查看。Manus 输出的完整报告如图 13-4 所示。

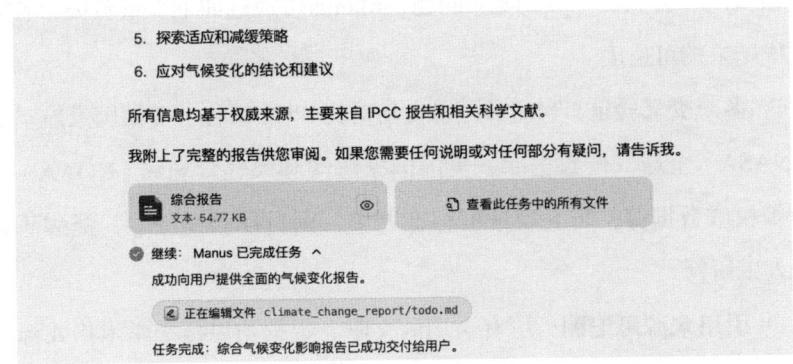

图 13-3　Manus 输出附件

气候变化对下个世纪地球生态和人类社会影响

执行摘要

气候变化是人类在21世纪面临的最重大挑战之一。本报告全面评估了当前对气候变化的科学认识、对未来一个世纪地球生态系统和人类社会的预测影响,以及现有的适应和减缓策略。

科学研究表明,人类活动(主要是温室气体排放)已使地球比工业化时代来临前升温约1.1℃。如果不立即、迅速、大规模地减少温室气体排放,预计到2100年全球温度将升高1.5℃至4.4℃。

气候变暖对环境的影响已显而易见,并将在本世纪持续加剧,影响生物多样性、海洋系统、淡水资源和农业生产力。这些环境变化将带来深远的社会和经济影响,包括对人类健康的威胁、人类被迫迁移、经济损失以及日益稀缺的资源的潜在冲突。

然而,本报告也强调,人类拥有大幅减少排放和适应不可避免的影响的知识、技术和能力。一系列减缓策略——可再生能源转型、碳捕捉技术和可持续土地管理政策等与有针对性的适应措施相结合,可以限制气候变化带来的影响。未来十年做出的选择对于未来的气候变化轨迹至关重要。

报告总结道,应对气候变化需要社会各界采取紧急、雄心勃勃且协调一致的行动。尽管挑战重重,但仍有许多可行且有效的方案,可以为人类社会和地球生态系统创造更可持续、更具韧性的未来。

目录

1. 介绍
2. 气候预测
   - 当前的科学共识
   - 下个世纪气温预测
   - 海平面上升预测
   - 降水和极端天气事件预测

图13-4 Manus生成报告

很多读者会担心"AI幻觉"问题,Manus可通过如下多重验证,有效提升生成结果的可信度。

◎ **多重交叉验证:** Manus可以自动对比IPCC报告、美国国家航空航天局(NASA)全球气候数据库、美国国家海洋和大气管理局(NOAA)观测记录等权威数据源,若发现数据存在冲突,则自动触发提示,提醒研究者进行人工研判。

◎ **引用来源可追溯:** 所有引用的文献、数据均以标准学术格式标注来源,并在报告附录中生成完整的参考文献索引表,研究者可通过超链接直接查看原始数据集与论文全文。

◎ **全流程可回溯**：Manus 的所有任务执行步骤都会记录在日志中，若某步推理有争议，可回溯 Manus 的思考路径或查看其引用资料。

Manus 虽通过内置代理与外部工具整合有效提升了任务处理能力，但其核心语义理解与推理仍依赖大模型，存在训练数据时效性限制与知识更新滞后性问题。例如，在气候科学领域，其相关研究数据每年都会更新，若仅依赖旧版大模型且未接入实时数据库，可能导致结论过时或关键参数缺失。

为此，可通过在 Manus 架构中引入争议审查代理（Contention Agent）来进行自动纠偏，争议审查代理可列举出冲突文献，并提醒人工复核。这种机制既能保证研究的严谨性，又可防止 Manus 编造结论。

13.3 Manus 的一般研究流程

Manus 在科学研究中的应用流程主要如下。

◎ **确定课题与研究范围**：Manus 可以从任务指令中准确提取研究者的核心要求，如"研究 × 理论在 ×× 场景下的适用性""对 Z 基因序列进行对比分析"等。

◎ **数据与文献收集**：Manus 自动搜索、下载相应数据库或文献，利用代理进行关键词检索、信息标注。

◎ **数据分析与可视化**：若涉及统计运算、建模或可视化，Manus 会调用 Python 等工具进行数据分析并生成可视化图表。

◎ **内容生成**：基于调研与分析结果自动草拟报告或论文初稿。

◎ **反馈与修改**：经过人工专家审读后，根据专家提出的修订指令进行定向优化。

◎ **版本管理**：多轮迭代后输出最终成果并保留日志，便于学术溯源。

在多人协同研究中，Manus可无缝对接Overleaf、GitLab、Notion等学术协作平台，自动更新草稿、提出问题或提交需求等，团队成员都能从日志中看到Manus的操作记录与变更说明，进而大幅提升团队协作能力。在质量保障方面，Manus可自动完成拼写与格式检查、参考文献一致性校验、潜在剽窃检测等，当然，最终文件仍需由资深专家进行人工复审，以确保科研成果的科学性与创新性。在需要阅读并整合大量文献与数据的综合性研究中，如环境科学、社会学、经济学、文学等学科的研究，Manus能够发挥重要作用；但在量子物理尖端实验等高精尖领域，受限于未公开知识及实验操作，仍需人工主导执行。

13.4 技术与伦理挑战：科研应用的深入思考

在科研场景中，科研数据与研究论文的快速迭代对AI工具提出了双重挑战：Manus需通过联网检索实时抓取最新研究成果，针对私有或敏感数据，则需通过私有化部署方案使Manus访问相关机构内部数据库，从而规避数据泄露风险。

未来，Manus等AI工具在科研中必然被广泛使用，研究者需注意以下问题。

◎ **引用合法性**：AI生成内容若引用某篇论文观点，需明确标注来源。

◎ **剽窃审查**：对AI生成内容进行仔细核验，防止AI大量复制原文段落引发学术不端争议。

◎ **署名争议**：国际学术界对AI能否作为作者署名尚无统一定论，但多数期刊规定AI不能作为具备独立知识产权的作者。如果论文写作过程中使用了 AI，需要单独标明。

并非所有学科都适合进行自动化研究，例如，人文社科研究常需要深入理解文化与社会语境，AI很难给出真正深入的阐释；科学实验需要大量精准的实际操作，AI能提供的帮助也相对有限。Manus等AI工具可辅助研究者进行文献整理与数据清洗、分析、归纳总结，但科学结论还需研究者反复试验、谨慎得出。

如果研究者越来越依赖Manus等AI工具进行研究思路规划，必然会导致创新性与批判性思维弱化。科技发展史告诉我们，很多科学界的重大突破都需具备"跳出常规范式"的天马行空式思维，而AI生成的内容多基于既有知识，难免僵化守旧。学术研究应当保留独立思考能力与质疑精神，让AI成为强力工具，而不是让它代替人类进行思考。

以Manus为代表的AI工具的持续迭代优化，不仅能帮助科学研究者加速现有研究进程，也能推动新研究方法与新实验工具的诞生，如自动化实验设计、自适应实验平台甚至自动发现新理论都已有学术初探。

而科学研究需求（如更多算力、更可靠的方法）也会推动AI技术取得进一步突破。两者形成互促共生关系。

未来，多个科研机构或跨国科研团队或可通过部署AI协作平台共享阶段性研究成果，如此可使大规模科学研究大幅提速。

当AI能自主完成模拟实验、部署传感器、收集实时数据并进行实时分析等工作时，科研将转向"持续迭代"模式——数据实时流入AI，AI即时生成下一步实验方向，研究者只需专注更高层面的理论思考与伦理价值考量。

科学研究是人类文明进步的根基，而AI则有潜力成为新时代科研的"助推器"甚至"共创伙伴"。随着多代理协作网络的完善与大模型的持续进化，Manus将在更多前沿学科里扮演关键角色：加速知识发现、促进跨学科联动、简化烦琐研究流程并释放研究者的创造力，从而获得更高水平的研究成果。

13.5 本章小结

本章展示了Manus在科学研究这一复杂场景中的应用与潜力：它能快速整理文献、分析数据、生成可视化图表并撰写报告初稿，可为研究者与研究机构带来大幅效率提升。

Manus潜力虽大，但并不意味着它将完全取代研究者。科学突破的核心在于创造性与批判性思维——正是人类独有的"好奇心"与"灵感"，推动我们不断拓宽知识边界。

在这个人机协作的创新时代，唯有技术、伦理、制度三者良性互动，AI才能在科学研究中大放异彩，而不会沦为加剧不平等或误导决策的"潘多拉魔盒"。愿本章内容能够为读者提供一些启示，让更多人看见Manus在科研领域的潜力，以及AI与科学共同缔造美好未来的可能。

第14章 Manus "平替"——OpenManus

在前面章节中,我们深入讨论了Manus的功能与优势,并通过多个案例展示了其出色的自动化任务执行能力。然而,Manus目前的封闭式商业模式对于某些对开源、可定制高度重视的个人或企业而言,仍显得不够灵活,在成本、数据隐私保护方面用户也存在顾虑。

在这种背景下,一个由MetaGPT团队自发打造的多智能体架构OpenManus在GitHub上开源。OpenManus并非由Manus官方团队推出,而是开源社区基于对AI代理的探索与共建愿景而创造的一款"第三方替代方案",其核心目标是为开发者与企业提供可自行部署、自由扩展与无授权门槛的AI代理解决方案。

本章将对OpenManus展开介绍。OpenManus的主页如图14-1所示。

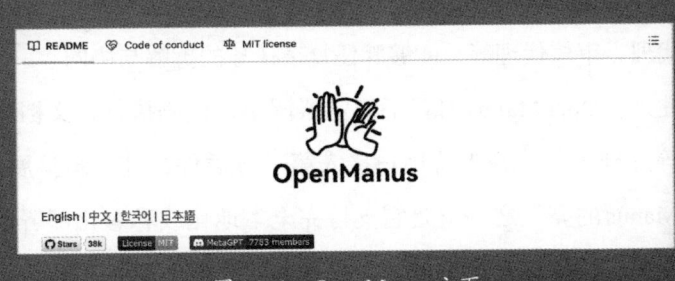

图14-1 OpenManus主页

14.1 OpenManus 项目概述

据悉，OpenManus 只用了 3 个小时就完成了初版框架构建，它由 MetaGPT 的核心贡献者 @Xinbin Liang 和 @Jinyu Xiang，以及其他几位活跃的 GitHub 贡献者共同开发，他们参与过 MetaGPT、OpenHands 等多智能体或大语言模型相关项目，有相当丰富的实践经验，如图 14-2 所示。

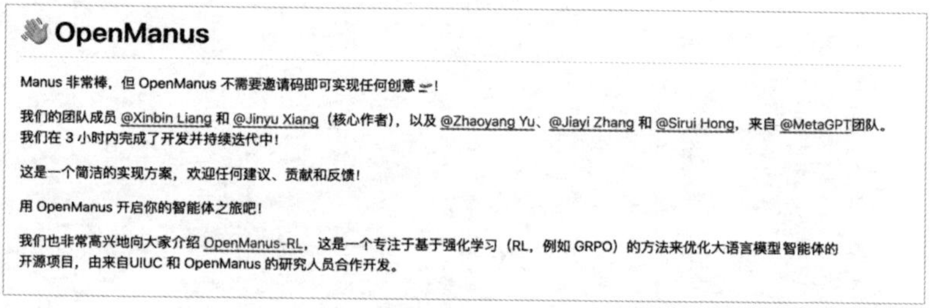

> **OpenManus**
>
> Manus 非常棒，但 OpenManus 不需要邀请码即可实现任何创意 😊！
>
> 我们的团队成员 @Xinbin Liang 和 @Jinyu Xiang（核心作者），以及 @Zhaoyang Yu、@Jiayi Zhang 和 @Sirui Hong，来自 @MetaGPT 团队。
>
> 我们在 3 小时内完成了开发并持续迭代中！
>
> 这是一个简洁的实现方案，欢迎任何建议、贡献和反馈！
>
> 用 OpenManus 开启你的智能体之旅吧！
>
> 我们也非常高兴地向大家介绍 OpenManus-RL，这是一个专注于基于强化学习（RL，例如 GRPO）的方法来优化大语言模型智能体的开源项目，由来自UIUC 和 OpenManus 的研究人员合作开发。

图 14-2 OpenManus 作者介绍

OpenManus 的开发初衷是让用户"不需要邀请码即可实现任何创意"，强调开源、灵活、低门槛。对比 Manus 部署在官方云端的模式，OpenManus 让用户能够完全掌控 AI 代理的部署与个人隐私数据，也允许更大限度的插件扩展与二次开发。

在功能架构上，OpenManus 与 Manus 有很多相似的设计。首先，它同样采用了多智能体架构，支持不同角色的代理分工协作，包括规划代理、执行代理、审核代理等，能够胜任复杂任务的拆解与协同。

此外，OpenManus 内置了浏览器调用、代码执行、文档解析、数据库检索等基础工具，并支持用户接入第三方插件，进一步扩展其功能边界。OpenManus 的亮点之一就是它支持完全本地化或私有化部署，无须依赖任何云端服务，即可在个人计算机或企业服务器上离线运行，其主要目标用户既包括那些因为无法获得邀请码而暂时无法使用 Manus 的中小企业与个人用户，又包括对代码可控性与自主扩展能力有强烈需求的 AI 研究者。

OpenManus 是一个典型的"社区驱动"项目，所有的开发迭代、功能更新与 Bug 修复，均在 GitHub 上公开进行，欢迎任何开发者参与其开发、更新与修复。尽管目前 OpenManus 在规模、稳定性、易用性等方面与 Manus 尚有差距，但对于个人开发者、小型团队或 AI 爱好者而言，它可以满足大部分基础的使用需求。

目前，OpenManus 团队还推出了一个子项目——OpenManus-RL，旨在通过强化学习提升大语言模型的推理和决策能力，通过训练提升代理之间的协作效果与任务完成质量，为未来更复杂的场景中的应用奠定基础。

同时，OpenManus 团队也在积极号召全球开发者围绕 OpenManus 提交新工具、完善 UI 设计、优化工作流，推动整个 OpenManus 生态持续繁荣。

OpenManus 的出现，不仅为 AI 代理的演进注入了开源生态的活力，也为构建更多元、更开放的 AI 代理世界提供了全新可能。

14.2　OpenManus 与 Manus 的对比

在技术架构与理念上，OpenManus 与 Manus 存在许多相似之处，毕竟二者均源于对 AI 代理架构的探索。但在具体的实现方式、使用场景和生态建设方面，二者呈现出明显的差异。这些差异不仅涉及技术层面的取舍，更体现了二者不同的产品定位与用户偏好。

从核心架构来看，二者都采用了多代理协作的思路，均以任务拆分、角色分工、多代理协同配合为基础。但在实现细节上，二者存在差异，例如，代理的数量与分工方式不同，Manus 在官方环境预置了清晰的角色划分，而

OpenManus更强调用户自由定义与DIY拓展。

在工具调用能力方面,二者都具备浏览器自动调用、代码执行、文件操作等基础功能,但Manus官方云端聚合了更多内置插件,且长期维护;而OpenManus更注重开源生态,鼓励开发者自行开发或接入所需工具,以打造高度个性化的工作流。

OpenManus和Manus最本质的区别在于部署模式。Manus是云端SaaS服务模式,用户即开即用;而OpenManus则完全采用本地部署,可离线运行,源代码透明,便于修改。

在成熟度与生态建设方面,Manus具有显著的商业化优势。它拥有稳定的用户群体及丰富的官方文档与教程支持,在大规模数据的异步处理能力、自动化工作流构建等方面更为完善,用户可以快速上手,适合个人用户与企业使用。

相比之下,OpenManus的优势在于开源免费、结构透明、改造自由,社区贡献者活跃度高,功能迭代速度快,各种新特性或实验性玩法可以迅速尝试。对于不希望受制于官方规则或商业费用且有一定技术能力的团队来说,OpenManus无疑是更灵活、更可控的选择。

Manus在用户体验与低代码能力方面做了大量优化,适合非技术用户快速入门;OpenManus则对开发者友好,但对新手而言存在一定的门槛,尤其需要一定的Python编程基础与Docker环境配置能力,才能顺利完成部署与拓展。

总结来看,OpenManus更适用于以下场景。

一是对源码掌控与深度定制有强烈需求的开发者或团队,想要自主控制代理架构、插件设计与运行逻辑时,开源代码的透明度显得尤为重要。

二是希望立即使用AI代理,但受限于没有Manus官方邀请码或商业授权预算有限的中小企业或个人用户。OpenManus提供了几乎零成本的技术入口。

三是对离线部署或私有化环境有硬性需求的用户,尤其是在某些对数据安全或本地化要求极高的场景中,OpenManus 的本地独立运行能力使其成为优选方案。

四是学术研究者或开源社区爱好者。OpenManus 为开展多智能体机制研究、新算法测试、强化学习探索等前沿研究提供了一个理想的实验平台。

Manus 与 OpenManus 没有谁优谁劣,二者的技术生态、使用习惯与用户需求不同。Manus 在商业成熟度与易用性方面表现突出,而 OpenManus 则承载着开源社区所倡导的自由精神与技术实验理念,二者各自为多智能体的发展开辟了不同的道路。

14.3 OpenManus 安装与使用

为帮助读者快速上手,掌握使用方法,本节将结合 OpenManus 官方发布的操作文档,简要介绍其安装流程、基础配置,以及使用方法。OpenManus 操作文档如图 14-3 所示。

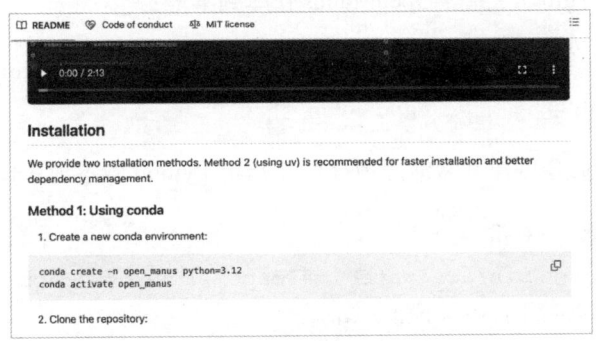

图 14-3　OpenManus 操作文档

OpenManus 支持两种安装方式：conda 与 uv。这两种安装方式都需要先创建 Python 虚拟环境。接下来详细介绍这两种方式的具体操作步骤。

（1）使用 conda 安装

在终端中输入以下代码创建虚拟环境：

```
conda create -n open_manus python=3.12
```

创建完成后，输入以下代码激活该环境：

```
conda activate open_manus
```

使用 git 命令克隆 OpenManus 仓库到本地：

```
git clone https://github.com/mannaandpoem/OpenManus.git
cd OpenManus
```

在项目根目录下，使用以下命令安装项目依赖：

```
pip install -r requirements.txt
```

（2）使用 uv 安装

在终端中执行以下命令安装 uv 工具：

```
curl -LsSf https://astral.sh/uv/install.sh | sh
```

同样使用 git 命令克隆 OpenManus 仓库到本地：

```
git clone https://github.com/mannaandpoem/OpenManus.git
cd OpenManus
```

使用 uv 命令创建并激活虚拟环境，指定 Python 版本为 3.12：

```
uv venv --python 3.12
source .venv/bin/activate    # macOS/Linux 操作系统
# Windows 环境下使用以下命令激活
.venv\Scripts\activate
```

```
uv pip install -r requirements.txt
```

在项目根目录下,使用 uv 提供的 pip 命令安装项目依赖:

```
uv pip install -r requirements.txt
```

(3)环境变量配置

安装完成后,用户需要配置相关环境变量,尤其是用于调用大语言模型的 API Key,如 OPENAI_API_KEY。可将 config/config.example.toml 文件复制到 config/config.toml 文件,并在其中填写真实的 Key 信息,或直接编辑 .env 文件,如图 14-4 所示。

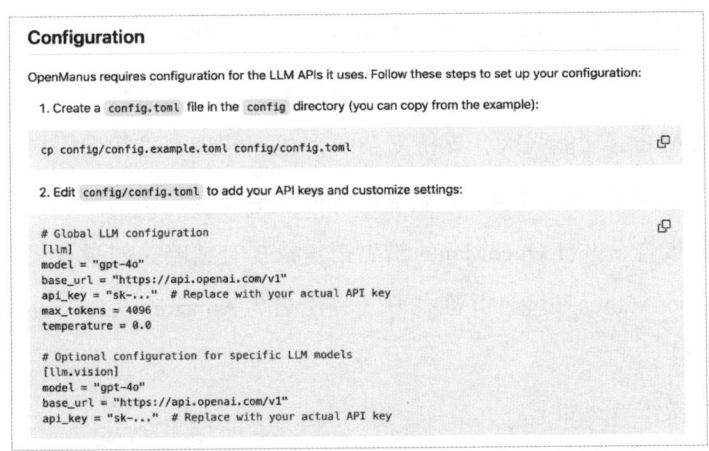

图 14-4　API 配置

(4)运行 OpenManus

运行 OpenManus 十分便捷,只需在项目根目录下输入以下命令:

```
python main.py
```

这会在终端打开交互式对话界面,在这个界面中,用户可输入任务描述,如上传库存信息 Excel 表格后发送"帮我分析库存信息并生成采购建议"。

OpenManus 还支持更复杂的多代理管理,可使用 run_flow.py 启动。若需在服务器环境或 CI 流水线运行，可通过 Docker 进行部署，具体方式可参考官方说明文档。

（5）改造 OpenManus

若用户需要对 OpenManus 进行改造，如添加新代理、调用新工具等，可在代码中新增 Python 模块，并在 main.py 或 run_flow.py 中进行注册。项目本身代码结构简洁，且保留了比较多的注释，对有一定 Python 经验的开发者很友好。

14.4 OpenManus 应用实例

OpenManus 功能强大，支持复杂的多代理管理，可帮助用户完成各种任务。本节使用 OpenManus 完成销售数据分析任务，得出亚马逊店铺销售数据分析报告，并让 OpenManus 给出销售额提升策略。假设我们已安装并配置好 OpenManus 环境，并准备好了一份名为 Amazon_Sales_Jan.xlsx 的销售数据文件。

具体操作步骤如下。

（1）上传销售数据文件：打开 OpenManus 的操作界面，使用文件上传功能，将 Amazon_Sales_Jan.xlsx 文件上传至系统中。

（2）输入指令："请分析 Excel 表格中的日均订单、客单价、折扣与毛利等数据，生成可视化图表及销售数据分析报告后给出销售额提升策略，目标是下月销售额增长 10%。"

（3）OpenManus 接收到任务指令后会开始分解并执行，其运行日志如下。

```
[System] ... Loading Excel: Amazon_Sales_Jan.xlsx
[DataAgent] -> parse data, create dataframe
```

```
[StatsAgent] -> compute daily sales, margin
[PlotAgent] -> generate bar chart 'daily_sales.png'
[AnalysisAgent] -> concluded: ...
[StrategyAgent] -> Proposed steps:
1. Tue flash sale ...
2. Medium discount ...
   ...
```

（4）OpenManus完成任务后，会自动生成以下结果。

◎ **分析报告（Markdown格式）：** 包括对销售数据的详细分析，如每日销售总额、总销售额与净利润、各品类盈利能力分析等内容。

```
# 亚马逊店铺销售数据分析报告

## 概览
本报告详细分析了上月销售业绩的关键维度，包括每日总销售额、净利润和各品类盈利能力。

## 每日总销售额
![每日总销售额](daily_gross_sales.png)

销售业绩每日波动较大。针对周中销售低迷的情况，通过促销活动可以稳定收入流。

## 总销售额 vs 净利润
![总销售额 vs 净利润](gross_vs_net_profit.png)

盈利能力与总收入紧密相关，利润率相对稳定。

## 各品类盈利能力
![按品类划分的净利润](net_profit_by_category.png)

盈利能力最强的品类：
- 下装
- 运动服
```

- 内衣

配饰销量较高，但包含几款亏损商品。

主要发现
- 高利润品类（下装、运动服、内衣）推动盈利能力提升。
- 配饰包括低利润或负利润产品。
- Prime 会员配送量巨大，但不贡献配送收入。
- 周中销售额通常较低。

◎ **图表（.png格式）**：如daily_sales.png等，直观展示销售数据的变化趋势，如图14-5所示。

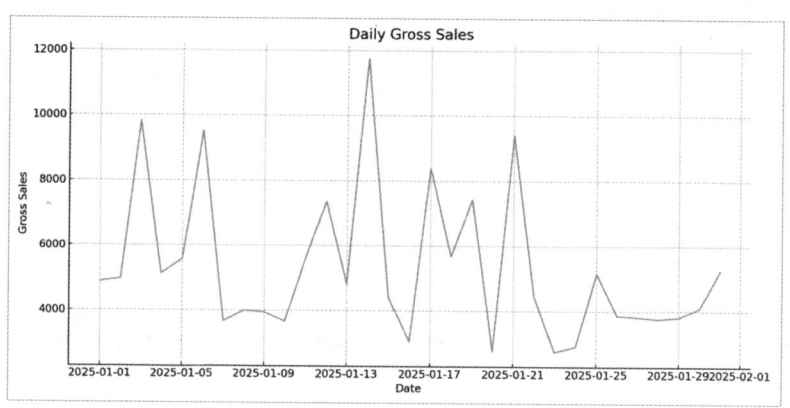

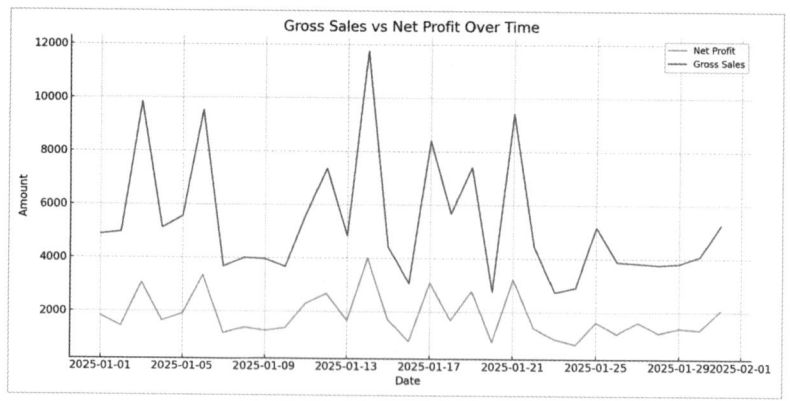

图14-5　OpenManus生成图表

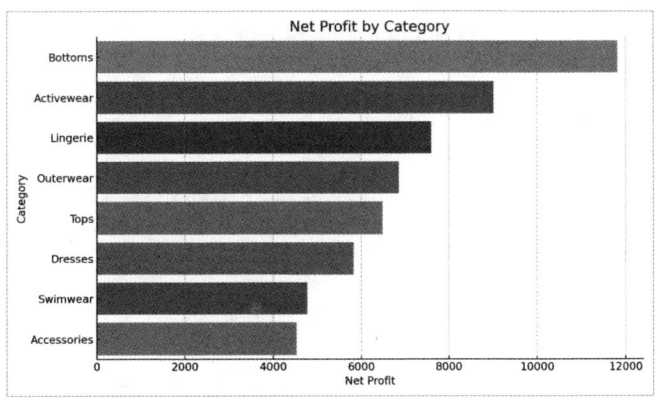

图 14-5　OpenManus 生成图表（续）

◎ **销售额提升策略（Markdown 格式）**：列出具体的销售额提升策略。

提升下月销售额 10% 的策略

1. 关注高利润品类
- 优先投放"下装""运动服"和"内衣"的广告和促销活动。
- 在这些品类中创建捆绑销售或追加销售。

2. 优化或移除业绩不佳的商品
- 重新定价或停产低利润商品，如包 A、包 B 和腰带 A。
- 分析亚马逊费用结构，并根据需要调整配送方式。

3. 拉平每周销售曲线
- 在周中（周二至周四）开展促销或活动。
- 根据历史业绩下滑情况，提供折扣或促销产品广告邮件推送。

4. 最大化 Prime 会员价值
- 通过跨品类组合销售，鼓励 Prime 会员每笔订单购买更多商品。
- 考虑 Prime 会员专属促销活动的"买 X 送 Y"优惠。

5. 提升小批量 SKU 的评价数量
- 针对反馈数量少且销量一般的 SKU，持续跟进评价。
- 考虑在亚马逊的评价政策允许范围内提供小额奖励。

```
## 6. 多样化支付方式
- 通过结账奖励，鼓励用户使用亚马逊支付或借记卡，从而降低交易费用并提
高结账完成率。
```

由此可以看出，OpenManus 的任务执行过程和日志与 Manus 很相似，不过 OpenManus 由社区维护，用户可以根据自己的需求自由改写其代理或整合新工具。

14.5　OpenManus 的未来发展

OpenManus 秉承开源社区的自由精神，其生态系统的构建完全依赖全球开发者的共同参与和贡献。任何开发者均可提交新的代理、工具包（Toolkit）或应用场景案例，未来，OpenManus 有可能衍生出更多专注于垂直领域的分支版本，如专为电商领域设计的 OpenManus、专为教育领域定制的 OpenManus 等。

此外，前文提到的 OpenManus-RL 项目旨在通过强化学习技术提升代理协作的决策质量，减少人工干预的频次，从而实现更高程度上的自治（代理能够自主反思并优化策略）。若该项目进展顺利，OpenManus 有望在某些长链任务上超越当前基础版本的 Manus。

最后，针对选择 Manus 还是 OpenManus 的问题，笔者有如下建议。

◎ 若用户更看重系统的稳定性及商业支持，且对私有化部署或二次开发的需求并不强烈，可选择 Manus，以实现快速部署和应用落地。

◎ 如果用户希望深度掌控代码、灵活拓展功能，且没有预算限制或对隐私保护没有更高要求，可尝试使用 OpenManus。

◎ 某些团队可能会选择在部分高层次应用中调用 Manus 的云端服务，同时针对关键安全环节自行构建 OpenManus 模块进行私有化分析。

◎ 因为目前 OpenManus 的生态系统尚不完全成熟，针对生产级任务，建议用户先通过查看其在 GitHub 等平台上的 Star 数量、Issue 响应速度及文档完善度，充分评估其是否能够满足需求，并考虑小规模试用。

14.6 本章小结

OpenManus 的出现，折射出 AI 代理领域商业与开源两股力量的角逐与共进，二者共同推动了 AI 代理技术的发展，同时也为用户提供了更多的选择：既可选择商业化服务，享受官方支持；也可投身开源方案，自主掌控代码与数据。

OpenManus "3 个小时完成初版框架构建"的高效，迅速吸引了众多开发者，OpenManus-RL 版本及各种插件的出现充分彰显了开源模式的强大之处。

在 AI 浪潮下，每个新的开源项目的诞生，都可能催生下一场技术与产业变革。OpenManus 作为 Manus 的"平替"，恰是一种"向世界分享"的开源精神的写照。让我们期待更多开源 AI 项目涌现，并与商业产品共同构建多元生态，助推 AI 渗透到更多业务场景与社会生活之中——真正让"让 AI 为人类所用"这一美好愿景成为现实。

第15章 未来展望

在前面的章节中,我们已经见识到Manus在各类应用场景中所展现出的"自主思考并执行"的强大能力,也看到了AI代理是如何突破对话、问答范畴,真正走向"执行"。

然而,这一切并不是AI代理的终点。展望未来,随着技术的持续进步,AI代理的能力还将不断增强。本章我们将从技术与应用两大方向,展望AI代理可能的演化轨迹。

15.1 AI 代理的持续进化

AI代理的持续进化主要依赖两大关键基础：模型规模与算法创新。

（1）模型规模的持续扩大

大模型在近年来取得突破性进展的主要原因，是其参数规模与训练数据的指数级增长。GPT-3、GPT-4仅是里程碑，未来模型的参数量与不同模态的数据量将持续扩大，带来如下三大提升。

◎ **理解更精准**：AI代理能捕捉更细微的上下文线索，减少语义误解与逻辑错误，且有效解决"AI幻觉"问题。

◎ **知识更全面**：能覆盖更多垂直领域。

◎ **推理更深入**：支持多轮复杂逻辑推理与长期记忆。

对于AI代理来说，模型规模扩大后，能够更好地处理跨领域复杂任务，从而能够在金融、医疗、制造、法律等多行业深度落地。

（2）算法创新：从单一模型到"混合专家"模型

算法层面的突破正加速AI代理的能力升级，具体如下。

◎ **混合专家模型**：动态调度多个子模型，适配不同类型任务。

◎ **稀疏 Transformers（Sparse Transformers）**：接收到长文本或高维输入时只关注重要内容，降低算力消耗。

◎ **强化学习与因果推理结合**：提升决策灵活性与可解释性。

◎ **神经网络与符号推理混合**：将符号推理（逻辑规则）与神经网络结合，提高AI代理的可解释性与精准度。

这些算法创新可让AI代理在面对更复杂的任务时更稳健、更精准，这意味着Manus等AI代理在高风险或专业领域的表现将更加突出，减少误判与"幻觉式"回答。

（3）AutoML 与自适应进化

自动化机器学习（AutoML）正日益成为主流，能够使 AI 代理完成自我结构优化与自动调参，在未来实现"自我成长"。

AI 代理如今已出现 AutoAgent 模式，会不断分析自身在任务执行中的表现，通过自动反馈来改进模型结构或提示策略，从而实现自动升级。在目前阶段，大多数 AI 代理仍以文本为主要输入输出，但未来 AI 代理若要帮助人类完成更多任务，就需要掌握更多交互方式，主要如下。

◎ **视觉交互：** AI 代理可读取并理解图像、视频或摄像头实时拍摄到的画面，对物体、场景进行识别和分析。

◎ **语音交互：** 支持语音唤醒、实时语音指令，以及对应语音的合成输出。

◎ **物联网（IoT）设备/传感器数据解析：** 在智能工厂或智慧城市场景下，AI 代理可监控传感器数据（如温度、流量、能耗），做出自动调节或报警决策。

若具备多种交互能力，AI 代理的任务执行就不再止于"在计算机上调用工具"，还可以应用到机器人、增强现实（AR）、虚拟现实（VR）等领域，与物理世界实时交互。这是 AI 代理的一个核心亮点。

随着时间推移，AI 代理集成的第三方工具库有望大幅扩容，举例如下。

◎ **行业专用插件：** 如金融分析插件、建筑设计插件、影视制片管理插件、课程自动生成插件等。

◎ **系统操作接口：** 支持对接容器化平台（如 Docker、Kubernetes）、自动化运维流水线（CI/CD），以及自动驾驶控制系统等工业级协议。

◎ **动态数据整合：** 通过 API Aggregator 可统一访问各大公共数据库（如

气象数据库、地图数据库、各大社交媒体数据库），以便做出更全面的决策。

当AI代理接入庞大的第三方工具库时，其能力将会呈指数级提升。这类似智能手机的进化路径：早期设备仅具备打电话等基础功能，但随着应用生态的成熟，手机演变为集成各类服务的多功能终端。对AI代理而言，这意味着它们将成为各类服务与工具的"总入口"，用户可在与AI代理对话的过程中完成绝大多数信息搜集与操作工作。

目前，AI代理的任务执行主要依赖用户指令，但随着其自主性与自学习能力的提高，未来即使没有外部指令，AI代理也能自动找到问题并及时采取行动，举例如下。

◎ **智能监测与干预：** 当AI代理监测到某业务流程长时间停滞，会自动生成优化建议或直接运行修正程序。

◎ **权限内自主行动：** 在设定的权限范围内，AI代理能定期独立开展市场调研、竞品分析等任务，并输出可执行的策略报告。

◎ **长周期任务执行：** AI代理可执行长周期的任务，如任务目标为"3个月内产品上市"，AI代理会自动分解任务、协调资源、追踪进度并优化任务执行步骤，直至目标达成。

这种模式下，"从规划到落地"的周期将大幅缩短——用户只需设定目标与约束条件，AI代理即可自主执行任务并动态调整策略，直至目标顺利达成。

随着AI代理能力的增强，安全性挑战也愈发严峻。一旦AI代理具备高度自主性，能调度大量资源或拥有工业级设备权限，如果发生意外或系统出现漏洞，就会造成严重后果。因此，在技术快速发展的同时，安全沙盒、权限分级、人工监管等安全保障机制也必不可少。

15.2 AI 代理协作网络的崛起

未来 AI 代理的价值不仅体现在单个代理的能力提升，更重要的是 AI 代理协作网络将快速崛起。目前 Manus 这样的单一 AI 代理已经具备强大的独立工作能力，未来多个 AI 代理在同一体系中交互协作，必然会形成远超单个代理的群体智能。

这一趋势的核心在于"协作"与"分工"。

未来，不同的 AI 代理将专注于不同领域，彼此可以实现信息共享，协同完成复杂任务。例如，财务分析代理、市场调研代理、代码开发代理、自动化执行代理等各司其职又彼此合作，可快速将原本碎片化、彼此孤立的能力重新组合，形成高度智能化的 AI 代理网络。

协作体系无须将代理集中部署在同一台服务器上，相反，它们往往是分布式部署，分布在云端或不同的私有部署环境中，彼此通过通用协议交换数据与中间成果。当某个代理无法独立解决问题时可自主发起协作请求，其他代理将基于共享的任务上下文提供支持，最终合并多方输出，形成完整解决方案。

Manus 在这种 AI 代理协作网络中，既可以是核心协调者统筹任务分配，也可作为专业节点专注特定领域。这种模式在企业内部类似跨部门协作系统，在社会层面，则像是"AI 城市大脑"，各模块各司其职，相互补充。

要实现这样的 AI 代理协作，关键之一在于构建统一的通信协议或代理通信语言，如学术界探讨多年的知识查询与操作语言（KQML）或代理通信语言（Agent Communication Language，ACL），这些通用的通信协议或代理通信语言可使多个 AI 代理及时同步工作进度、调用资源、反馈错误、发起请求,乃至协商任务分配。

这不仅意味着AI代理与人可以顺畅对话,更意味着AI代理之间也能自主交流。复杂的问题可以被迅速拆分为多个子任务,分配给不同的代理并行处理,从而极大地提升任务完成效率与规模化能力。

在AI代理协作网络的演进中,另一个重要趋势是"边缘计算"与"云端中心"的混合部署,采用以下分工模式。

◎ 边缘代理(Edge Agent)部署在工业设备或移动终端,负责处理实时数据。

◎ 云端中心代理(如Manus主节点)负责高水平决策或跨区域资源调度。

◎ 中间层代理通过分布式缓存与微服务,处理中等规模的子任务。

这种分层架构兼顾实时响应与隐私安全,同时发挥云端的大规模计算优势,可满足各种应用场景的需求。

更具前沿性的探索,来自AI代理与区块链技术的结合。有观点认为,未来的去中心化自治组织(DAO)不只是由人类成员投票治理,还可以引入AI代理作为重要的执行单元。例如,AI代理可以自动处理提案筛选、投票结果公示,甚至承担部分日常运营工作。长远来看,这有可能发展成完全自动化的"自治AI集群",在无须人工干预的情况下,自主完成经济或社会服务任务。

15.3 人机协作的新范式

AI代理的出现彻底改变了"人"与"工具"的关系。过去几十年,计算

机或软件对人类工作的帮助更多体现在"辅助"与"加速"层面,如办公软件、搜索引擎或数据统计工具。

而今天,AI代理的普及开创了人机共创的新模式。AI代理不再被动响应人类的指令,而是能够主动参与协作,在某些细分领域,AI代理已经可以反向给人类提供更优的建议或解决方案。

在人机共创场景中,AI代理能够激发人类的灵感。例如,在创意写作或产品设计过程中,人类设定大方向或主题,AI代理负责收集和处理数据,为人类提供更具突破性的具体方案。在复杂项目的推进中,人类负责价值判断、目标设定与关键决策,AI代理则承担数据整合、脚本实现、方案优化等烦琐且机械的工作。这种协作可以让人类站在更高维度思考,而AI代理负责低维度任务快速执行。双方并非替代关系,而是互为补充、共同进化。

要支撑这种高效的人机共创模式,交互平台需要同步进化。未来的协同平台不再是通过简单的对话框进行交互,而是支持多模态、多角色、多任务的智能工作台,其可能具备如下功能。

◎ 智能对话框允许用户输入文档、图片、声音等多种资料,AI代理也能输出图表、视频或音频文件。

◎ 实时共创面板可以让人类看到AI对文档或设计图的修改轨迹,随时可介入调整。

◎ 多角色对话支持用户创建多个虚拟AI角色(如"财务顾问AI""营销AI""数据分析AI")在同一界面讨论,人类可根据AI角色的讨论做出决策。

这种人机协作新范式可以让AI代理完成越来越多机械化、标准化、高度重复的工作,人类可专注于创造性、战略性工作,做好沟通协调与道德判断。

未来，职场中最具竞争力的，必然是那些能够熟练调用AI代理完成复杂工作的人才——不是仅仅"会用AI工具"的人，而是能理解AI代理的局限、善于提问与质疑、具备判断力与审核能力的人。当AI代理输出答案后，人类需从更高维度筛选信息、构建全局框架，成为AI代理生态的"战略大脑"。

换句话说，AI代理将越来越擅长处理"怎么做"的问题，而人类的核心价值则在于思考"为什么做"与"做什么"，这种"战略与执行"的分工，正是人机协作的核心规则。

15.4 技术挑战与伦理考量

AI代理的发展虽然带来了效率上的巨大飞跃，但也伴随着一系列技术挑战与伦理风险。Manus这类具备执行能力的AI代理，正在逐步进入复杂的现实场景，这要求我们重新审视其技术安全边界、责任归属与治理机制。

在技术层面，最核心的挑战在于权限管控与可靠性保障。相较于传统问答AI，具备执行能力的AI代理可访问本地文件、调用网络接口甚至直接操作相关系统，如果管理不当，可能导致误删关键数据、错误调用API，甚至被黑客恶意利用。因此必须引入如下防护机制。

◎ **沙盒环境**：AI代理只能在虚拟机或容器内操作，使其无法侵入核心系统。

◎ **分级权限控制**：如仅允许AI代理读取指定文件夹的数据、禁止其修改系统注册表。

◎ **日志审计**：记录AI代理的每一步操作，出现可疑操作时立即阻断。

除操作安全外，还需关注AI代理输出内容的可信度。大模型目前普遍存在"AI幻觉"，这些虚构信息一旦被误认为事实，将对决策产生误导。未来，可信度评估机制也将成为AI代理输出内容质量保障的重要组成部分。

还有一个不可忽视的问题是算法偏见。大语言模型的训练极度依赖数据，数据中可能存在的性别、种族、年龄或地域等偏见很可能被大语言模型继承甚至放大。例如，AI代理在筛选简历时可能降低女性候选人的评分，或在审批贷款时对某些地区的用户更苛刻。若AI代理根据过往样本隐性歧视某类人群，将严重违背社会公平原则。因此，必须在模型训练与代理部署过程中引入多重校验机制，如在数据清洗过程中剔除不必要的敏感标签（性别、种族等），定期检测AI代理决策的公平性，以及关键决策必须进行人工复核。只有持续消除数据中的"历史偏见"，才能避免AI代理成为不公平现象的推手。

随着AI代理自主性的提升，其引发的责任归属争议日益凸显。若AI代理做出的决策造成经济损失、数据泄露或社会危害，责任应由开发者承担，还是部署方承担？抑或由数据提供者承担？这一问题目前尚无清晰界定。

尽管部分国家已出台监管政策，要求企业在开发、部署AI代理时进行安全性评估、可解释性分析与风险审查。但总体而言，AI代理治理规则仍处于探索阶段，企业与开发者必须主动承担相应义务，明确AI代理的行为边界、建立完善的审查流程，以确保AI代理行为的安全性和合规性。

AI代理的应用对劳动市场结构的冲击同样值得警惕。随着生产效率大幅提升，大量重复性高、规则明确的工作正逐渐被AI取代，很容易导致部分人群面临失业风险，同时引起社会焦虑。

但与此同时，AI代理也催生了新的职业形态，如AI应用工程师、AI产品经理、提示词工程师、数据标注师、AI安全审计员等新兴岗位正在快速涌现。但若社会未能同步展开教育体系改革、相关技能培训与劳动力再分配，就很难实现从"岗位淘汰"到"岗位转换"的平稳过渡。

AI代理本身也可以成为这一变革的助力。以Manus为代表的AI代理具备自动化教学、个性化培训、实时反馈等能力，可在职业再教育中发挥重要作用。但要想防止技术红利进一步加剧贫富差距，依然要依赖政策引导、产业结构调整与教育理念升级共同推动。

15.5 AI 代理的潜力与行业影响

前面章节已展示了AI代理在众多实际场景中的应用价值，在未来5～10年，Manus可基于现有能力逐步向开放型智能协作平台发展，重点聚焦如下三个方向。

◎ **插件生态扩展**：任何开发者都可为AI代理开发特定场景中应用的插件，如"财务报表自动分析插件""HTML5动画生成插件""CAD设计自动化插件"等。

◎ **私有化部署**：企业或政府机构可将AI代理部署在内部服务器，确保核心数据与AI代理深度集成且不外泄。

◎ **多代理协作**：AI代理不仅能调用本地工具，也可接入外部代理服务（如其他公司的AI代理或云端服务），形成多代理协作网络，提升复杂任务的处理能力。

随着这样的平台生态逐渐成熟，AI代理将扮演"智能中枢"角色——用户只需输入目标，AI代理即可自动完成任务分解、插件调用、任务执行及结果汇报的全部工作，真正把人类从琐碎的操作中解放出来。

先行部署Manus等AI代理的企业，生产效率必将得到大幅提升，在市场竞争中占据显著优势。AI代理的部分典型应用领域列举如下。

◎ **金融领域：** 证券机构通过Manus等AI代理实现研报自动化生成（数据抓取、模型回测、图表整合），将报告产出周期从3天压缩至6小时，在信息时效性上"碾压"对手。

◎ **零售电商：** 基于AI代理的销量预测与库存优化模块，可有效降低滞销品比例，同时通过动态定价策略大幅提升毛利率。

◎ **城市治理：** 部署AI代理处理交通信号灯智能调控、政务工单自动化分派等任务，提升公共服务响应效率，有效降低人力成本。

……

一旦头部企业通过AI代理建立技术壁垒，就会带动全行业进行智能化升级，形成行业升级浪潮。对中小企业而言，AI代理的SaaS模式（如按月订阅自动化客服系统）也可大幅降低技术门槛，使其无须组建AI团队即可获得与行业巨头同维度的运营效率，在市场竞争中不会落后。

对普通用户而言，AI代理的进化将重构生活效率——例如，在做旅行规划或跨国出差计划时，AI代理可自动完成信息检索、机票比价、酒店查询、路线规划、门票预订、签证材料清单生成并预约使馆面签等工作，甚至可直接与各国航空公司AI代理对话，无须人工在各网站重复填表。这种"需求输入-全链执行"的能力，可以最大限度地将个体从烦琐事务中解放出来。

在更宏大的社会层面，当AI代理渗透至社会运行的各个环节，将催生新的社会治理问题：如何确保人类与AI代理更好地合作共事？如何确保"算法歧视"不伤害弱势群体？如何分配AI代理带来的劳动红利？当决策失误甚至出现经济损失时，如何界定AI代理与人类的责任？这是一系列复杂且意义深远的课题，需要多方（政府、企业、公众）协同治理，在技术演进中共同构筑社会信任基石。

AI代理的普及也必然伴随着不可回避的风险：企业或个人若过度依赖AI代理，一旦发生大规模宕机（如云端服务中断导致电商订单系统瘫痪）或出现程序漏洞（如自动化交易算法错误触发抛售），可能造成严重经济损失；AI代理自动决策过程中若缺乏人工复核，一旦AI代理判断有误（如医疗诊断代理误判病情却未触发人工干预），可能带来安全事故。与此同时，核心技术向少数科技巨头集中，就可能催生数据垄断（如用户行为数据被单一平台掌控）与算法霸权（中小企业受制于封闭技术生态）。此外，AI代理决策过程中的隐私侵犯、数据滥用等问题，也需要引起足够重视。

针对这些潜在风险，需构建技术防护与制度约束的双重保障体系——通过多重备份机制（如关键业务多节点部署）、权限分级管理（如限制AI代理直接操作支付接口）、人工抽样审计（如随机抽检10%的AI代理决策记录）、推动技术开源（如开放基础模型API）与行业监管立法（如设立AI代理服务强制责任险），在释放生产力潜能的同时，也能筑牢安全底线。

15.6 本章小结

本章通过介绍AI代理协作、人机协作新范式、AI代理带来的技术与伦理挑战等内容，勾勒出AI代理发展的蓝图。在不远的将来，Manus这类AI代理或将重塑各行业生态，使"想法到执行"的过程高度自动化。但技术跃升必须与社会体系同步进化——通过完善监管政策、提升人机协作素养、构建风险缓冲机制，才能实现"效率提升"与"风险可控"的平衡。

本书始终强调，AI代理并非替代人类，而是通过接管重复、低价值的劳动来释放人类在战略决策、情感连接、伦理判断等领域的独特价值，最终形成人机共生的良性循环。这场AI变革中，我们既要善用Manus等工具提高生产力，又需保持持续学习与批判思考能力，与AI代理共同打造更富创造力的人机协作新文明。